Anleitung für die eigene Baustelle

Reihe: Bau-Rat

Nils Wetter

Anleitung für die eigene Baustelle

Leitfaden für den geordneten Bauablauf

BLOTTNER VERLAG · TAUNUSSTEIN

BLOTTNER VERLAG

Dieses Buch erscheint in der Reihe **„Bau-Rat:“**

Bibliografische Information der Deutschen Bibliothek:
Die Deutsche Bibliothek verzeichnet diese Publikation in der Deutschen Nationalbibliographie; detaillierte bibliographische Daten sind im Internet über http://dnb.ddb.de abrufbar.

Der Verlag bedankt sich für die auf dem Buchumschlag verwendete Abbildung bei der B.O.S.-Haus GmbH, Am Distelrasen 2, 36381 Schlüchtern, www.bos-haus.de.

Lektorat: Lisa Glass, Cathrin Schmitt
Umschlaggestaltung: Britta Blottner
Satz, Layout: lithotronic media GmbH, Dreieich
Druck: Druckerei Zeidler GmbH & Co. KG, Mainz-Kastel

ISBN: 978-3-89367-118-2

Vorwort

Aufgabe dieses Buches ist es, dem Leser als Bauherr(in) und Auftraggeber nützliche Hinweise und Anleitung für den eigenen Neubau, Anbau oder Umbau zu bieten: Schritt für Schritt, inhaltlich übersichtlich in verständlicher und anwendungsbezogener Darstellung. Beginnend mit den notwendigen organisatorischen Maßnahmen bei der Auftragsvergabe und der anschließenden Bauvorbereitung. Einschließlich der eventuellen Übernahme eigener Teilaufgaben im Rahmen des Gesamtauftrags.

Viele Probleme bzw. Fehler bei der Bauausführung entstehen durch fehlendes Wissen, durch Mangel an Kommunikation und infolge von falschen Annahmen bzw. Beurteilungen einzelner Maßnahmen. Es ist die Aufgabe dieses Buches, solche Gefahren erst gar nicht entstehen zu lassen bzw. deren Ursachen rechtzeitig zu erkennen und zu beseitigen. Mit dieser Zielsetzung ist ein besonders nützlicher und übersichtlich strukturierter Ratgeber entstanden, der rechtzeitig auf Probleme hinweist, die sich noch lösen lassen und so zur Vermeidung von Ärger und Kosten beitragen können.

Der in vier Kapitel gegliederte Buchinhalt entspricht in seiner Struktur der Planung und Ausführung eines Bauvorhabens. Er soll die Baufamilie bei der Beurteilung des Planungs- und Baufortschritts und weiterer Maßnahmen bzw. bei Entscheidungen verständlich und der Situation entsprechend unterstützen.

Im ersten Kapitel werden die für einen Bau benötigten Partner (Auftragnehmer) des Bauherrn (Auftraggeber) beschrieben und deren Aufgaben erläutert. Im zweiten Kapitel wird auf die Planung und die Plandarstellung genauer eingegangen. Das dritte Kapitel beschäftigt sich mit der Bauphase selbst, d.h. mit den verschiedenen

Gewerken und deren Bauausführung. Das vierte Kapitel betrifft die Beschreibung der Bauabnahme und der Mängelfeststellung (Gewährleistungen) nach der Fertigstellung. Abschließend geht es um nützliche Hinweise zur Rechnungsstellung und Rechnungsprüfung.

Da es sich hier um ein Arbeitsbuch handelt, das seinem Benutzer während der Bauphase zur Hand sein, auf Wichtiges aufmerksam machen bzw. daran erinnern soll, wurde auf jeder Seite entsprechend freier Raum gelassen. Damit soll dem Leser die Möglichkeit geboten werden für eigene Eintragungen und Hinweise, zur Erinnerung an Erledigungen wie auch für späteren Bedarf bei notwendig werdender Renovierung oder für weitere Baumaßnahmen.

1. Die Vorbereitung

1.1 Die richtigen Partner

Gute Vorausplanung zahlt sich aus – das gilt für jedes Bauvorhaben. Damit der geplante Hausbau auch reibungslos verläuft, ist es für jeden Bauherrn wichtig, dass er ein gutes Team aus Architekt, Fachingenieuren und Bauhandwerkern gewinnen kann.

Ein erfahrener Architekt im Wohnungsbau kennt bereits eine Vielzahl von möglichen Firmen, die für das Bauvorhaben in Frage kommen. Es sollten auch neue Firmen zu einer Ausschreibung hinzugenommen werden, um die Leistungen und Preise besser vergleichen zu können.

Grundsätzlich hat der Bauherr das Recht, alle Auftragnehmer, auch alle Ingenieure und Handwerker, selbst auszuwählen. Er muss also nicht alle vom Architekten vorgeschlagenen Partner und Handwerker akzeptieren. Auch können Bereiche in Eigenleistung erbracht werden, wenn Sie zum Beispiel den Fußboden selbst oder durch Freunde verlegen lassen wollen. Zu bedenken ist jedoch, dass man für solche Leistungen keine Garantie oder Gewährleistung erhält.

Bei allen Firmen, wie auch dem Architekturbüro, ist es von Vorteil, dass diese in gewissen Bereichen bereits Erfahrung bzw. Referenzen vorweisen können. Auch ist darauf zu achten, dass die Firmen entsprechend versichert sind, um im Falle eines verschuldeten Schadens dafür aufkommen zu können.

Weiterhin gehört die Gemeinde bzw. die Stadt als Genehmigungsbehörde zu den Partnern beim Bau eines Hauses. Wenn man seine Vorstellungen frühzeitig mit der Behörde abstimmt, vermeidet man spätere Verzögerungen in der Genehmigungsphase. Das Bauteam muss wie ein gutes Orchester funktionieren, alle aufeinander abgestimmt und mit einem guten Dirigenten als Koordinator.

Die einzelnen Beteiligten im Überblick:

Bauherr

Die Person oder Personen, die das Objekt finanzieren, in Auftrag geben und/oder nutzen wollen bezeichnet man als Bauherren. Nach den Wünschen des Bauherrn haben sich alle Auftragnehmer zu richten. Er wählt die am Bau Beteiligten aus.

Behörden

Sie sind zuständig für das Einhalten der jeweiligen Bauordnung des Landes und Ortsatzung der Gemeinde. Die Genehmigungsbehörde ist das dem Landkreis bzw. der Stadt zugehörige Bauordnungsamt. Bei einem Eingriff in bestehende geschützte Bausubstanz müssen auch die Denkmalschutz- oder Naturschutzbehörden mit einbezogen werden. Eine frühzeitige Beratung mit den zuständigen Gremien ist von Vorteil.

Architekt

Der Architekt ist – im Auftrag des Bauherrn – für die Koordination des gesamten Bauvorhabens zuständig. Er erstellt nach den Wünschen des Bauherrn den Entwurf, schätzt, berechnet und kontrolliert die Kosten und deren Entwicklung, schreibt das Leistungsverzeichnis aus und ist als Bauleiter für die Baustelle verantwortlich.

Die Beauftragung erfolgt nicht unbedingt für das gesamte Projekt. Der Bauherr kann verschiedene Leistungsphasen eines Bauablaufes an unterschiedliche Büros vergeben. Die Leistungsphasen sind wie folgt gegliedert:

LP1: Grundlagenermittlung
LP2: Vorplanung
LP3: Entwurfsplanung
LP4: Genehmigungsplanung

LP5: Ausführungsplanung
LP6: Vorbereitung der Vergabe
LP7: Mitwirken bei der Vergabe
LP8: Objektüberwachung (Bauleitung)
LP9: Objektbetreuung und Dokumentation

Tragwerksplaner

Ein wichtiger Fachmann ist der Tragwerksplaner oder auch Statiker. Er berechnet und dimensioniert die Bauteile und Lastabtragung im Gebäude. Er sollte auch möglichst früh in die Planungen mit einbezogen werden (Entwurfsphase), denn er legt letztendlich fest, welche Wände als tragende und nichttragende Elemente ausgeführt werden. Bei der Abnahme der Stahlbetonarbeiten muss er vor Ort sein, um die Lage und Anzahl der eingebauten Eisenteile (Bewehrung) zu überprüfen.

Bauleiter

Der Bauleiter muss über gute Kenntnisse in Fragen der Baukonstruktion und der Bauorganisation verfügen und dafür auch den Nachweis erbringen können. Die Funktion des Bauleiters übernimmt meist der Architekt oder Fachingenieur. Dies sind im Idealfall diejenigen Personen, die mit der Planung beauftragt worden sind bzw. zusammen in einem Büro arbeiten. So könnte z.B. ein erfahrener Bautechniker/Ingenieur des Planungsbüros die Bauleitung übernehmen. Der Bauleiter überwacht die laufenden Bauarbeiten aller Gewerke. Er muss also auch die Ausschreibungstexte genauestens kennen, da sie die Ausführung vor Ort beschreiben. Neben ihm kann es bei größeren Vorhaben auch so genannte Fachbauleiter geben, die nur ein einzelnes Gewerk (z.B. Elektroarbeiten) betreuen.

Der Bauleiter muss Autorität und Fachwissen besitzen, um sich auf der Baustelle durchzusetzen. Je häufiger er auf der Baustelle ist (mindestens ein- bis zweimal in der Woche), umso reibungsloser geht der Bau voran.

Vermessungsingenieur

Für den Bauantrag benötigt man auch einen amtlichen Lageplan des Baugrundstückes. Darin wird der Neubau eingetragen. Ist dieser nicht mehr auf dem neuesten Stand, sollte ein Vermessungsingenieur das Grundstück neu einmessen. Das Ingenieurbüro für Vermessung steckt außerdem vor Baubeginn die Grundfläche ab, auf der der Neubau errichtet werden soll. Auf dieser Grundlage wird das Schnurgerüst eingerichtet, um die zu errichtenden Wände einzumessen. Ist der Baukörper fertiggestellt, dann misst der Vermessungsingenieur das Gebäude nochmals in den Lageplan ein.

Fachingenieure

Für spezielle Aufgaben am Bau gibt es Sonderfachleute. Diese sind nicht nur für die Ausführung, sondern auch für deren vorherige Planung zuständig. Fachplaner für die Gewerke Elektro, Heizung und Sanitär oder Lüftung gehören bei größeren Bauvorhaben mit dazu. Sie planen zusammen mit dem Architekt die Leitungsführungen und überwachen die Ausführung.

Bodengutachter

Es kommt zwar nicht bei jedem Bauvorhaben vor, es kann aber sein, dass ein Bodengutachten für das Baugrundstück nötig wird. Dies ist besonders dann der Fall, wenn der Bodenaufbau und die damit verbundene Tragfähigkeit des Untergrundes nicht geklärt sind. Lassen Sie sich vom Architekt oder Statiker schriftlich bestätigen, ob ein solches Gutachten notwendig ist. Das Bodengutachten wird meist mit Hilfe einer Kernbohrung erstellt. Am Bohrkern lassen sich die Schichtenabfolge und deren Zusammensetzung feststellen.

Handwerksbetriebe

Gute Handwerksbetriebe sind ein wichtiger Bestandteil für ein Gelingen der Baumaßnahme. Die Größe des Betriebes (Anzahl der Angestellten) sollte der Bauaufgabe gewachsen sein. Erfahrene Vorarbeiter oder ein Polier sind hierfür Voraussetzung. Es ist zudem wichtig, dass der Handwerksbetrieb nicht zu viele Subunternehmer beschäftigt.

Für den Bauherrn und Architekt muss immer ein Ansprechpartner des ausführenden Betriebes vor Ort sein, der über die laufenden Arbeiten informieren kann. All dies kann und sollte vorab vertraglich festgelegt werden.

Bauunternehmer

Es gibt Firmen, die sich nicht nur auf ein Gewerk beschränken, sondern mehrere anbieten. Dies können auch alle Gewerke sein, die nötig sind, um ein Haus zu bauen. Diese Bauunternehmen bieten meist fertige Häuser an – auch schlüsselfertiges Bauen genannt. Häufig werden auch verschiedene Systeme, z.B. ein Fertighaus, durch einen Bauunternehmer angeboten. Er liefert auch die Planung gleich mit, indem er entweder selbst einen Architekt beschäftigt oder diese Leistung einkauft.

Sicherheits- und Gesundheitsschutzkoordinator (SiGeKo)

Die Person, die für Sicherheit auf der Baustelle zuständig ist, nennt sich Sicherheits- und Gesundheitsschutzkoordinator (SiGeKo). Sie muss die auf der Baustelle beschäftigten Firmen bezüglich des Arbeitsschutzes und der Maßnahmen zur Unfallverhütung überwachen und kontrollieren. Dazu gehören die persönliche Schutzausrüstung eines jeden Arbeiters wie auch Gerüste und Werkzeuge. Die Aufgabe des SiGeKo wird meist durch einen Architekt, Ingenieur oder Handwerksmeister wahrgenommen, der einen entsprechenden Lehrgang absolviert hat, der ihn für diese Aufgaben qualifiziert.

Der beauftragte Sicherheitskoordinator ist auch verpflichtet, einen entsprechenden SiGeKo-Plan zu erstellen. Dieser nennt die Sicherheitsmaßnahmen, die mit dem Bauablauf in Zusammenhang gebracht werden. Zum Beispiel wann welches Gerüst stehen muss, wenn eine spezielle Firma arbeitet. Der Plan sollte für alle gut sichtbar auf der Baustelle aufgehängt werden. Auch Notfallnummern müssen auf dem Plan vermerkt sein.

Der Spezialist für Baurecht

Der Bauherr muss sich intensiv mit der inhaltlichen Gestaltung des Bauvertrags und mit jeder ergänzenden, eventuell auch abweichenden Vereinbarung und mit deren möglichen Folgen befassen. Er sollte dafür einen auf Baurecht spezialisierten Anwalt hinzuziehen, der auch während bzw. nach Schluss der Bauphase bei Streitigkeiten beratend zur Verfügung stehen kann. Die dafür entstehenden Kosten werden sich in den meisten Fällen lohnen.

Grundsätzlich sollte ein den Planungs- und Bauablauf begleitender aktueller Bau-Ratgeber verfügbar sein (im Buchhandel erhältlich, z.B. auch als Veröffentlichung in dieser Buch-Reihe „Bau-Rat:“, siehe hinten in diesem Buch).

1.2 Ablauf eines Bauvorhabens

Der Bau eines Hauses lässt sich in verschiedene Bereiche aufteilen. In der DIN 276 werden die Kostengruppen eines Gebäudes:
100 Grundstück
200 Herrichten und Erschließen
300 Bauwerk – Baukonstruktion
400 Bauwerk – Technische Anlagen
500 Außenanlagen
600 Ausstattung und Kunstwerke
und in der HOAI (Honorarordnung für Architekten und Ingenieure) die Leistungsphasen geregelt (siehe Seiten 10 und 11).

Bevor man ein Grundstück kauft, muss dieses anhand einer Vorplanung auf seine Eignung überprüft werden. Hierbei werden neben der Wirtschaftlichkeit die verschiedenen Möglichkeiten einer Bebauung im Vordergrund stehen (Grundlagenermittlung).

Wird das Grundstück den Anforderungen gerecht, kann nach dessen Kauf die Entwurfsphase beginnen. Nach Verfeinerung der ersten Vorentwürfe tastet man sich an das genaue Gefüge des Grundrisses heran. In dieser Phase muss der Bauherr seine Wünsche genau kennen und sie dem entwerfenden Architekt mitteilen. So braucht er sich später auch nicht vorzuwerfen, er habe mit der Gestaltgebung nur wenig zu tun gehabt.

Nutzen Sie die Erfahrung des Architekten und lassen Sie sich mehrere Entwürfe zeigen. Ein gutes Gebäude entsteht meist durch einen Entwurfsprozess, bei dem beide Seiten zusammenwirken müssen. Die endgültige Gestalt des Hauses wird in einer zweiten Phase, der Entwurfsphase, genau geplant werden. Der Architekt muss hierzu auch eine detaillierte Kostenschätzung abgeben. Generell ist es wichtig, die Kosten des Bauvorhabens während der gesamten Bauplanung und Bauausführung nicht aus den Augen zu verlieren und auch die Kostenschwankungen zu hinterfragen und belegen zu lassen. Ein offener Dialog über die Kosten ist wichtig.

Nach Fertigstellung des Entwurfes muss die Baugenehmigung bei der zuständigen Behörde beantragt werden. Parallel zur Genehmigungsphase kann der Architekt mit der Ausschreibung und Werkplanung beginnen, um Zeit und Kosten zu sparen. In der Ausschreibung werden die in Frage kommenden Firmen aufgefordert, ihre Angebote abzugeben. Zu diesem Zweck erstellt der Architekt ein Leistungsverzeichnis (LV). Darin wird jeder einzelne Arbeitsschritt beschrieben. Lückenhafte Ausschreibungen führen häufig zu Nachtragsangeboten und damit zu unnötigen Mehrkosten. Verantwortlich hierfür ist der Architekt.

Parallel zu seiner Ausschreibung erstellt der Architekt die Werkpläne für das Bauvorhaben, nach denen später das Gebäude gebaut wird. Diese weisen nicht nur einen vergrößerten Maßstab (1:50 – 1:10) auf, sondern zeigen alle für die Ausführung notwendigen Details. Die Pläne können als weitere Erläuterung auch Teil der Ausschreibung sein.

In dieser Planungsphase fließt auch die Arbeit der Fachingenieure für die Heizungs- und/oder die Elektroplanung mit ein. Genaue Leitungspläne können so erstellt werden. Damit beginnt der Einstieg in die detaillierte Planung und deren Ausführung, mit denen sich die folgenden Kapitel beschäftigen.

2. Die Planung

2.1 Ausführungsplanung/Plandarstellung

Für die Bauausführung durch die Handwerker muss der Architekt eine detaillierte Ausführungs- oder Werkplanung vorlegen. Die Ausführungsplanung ist die Grundlage für alle am Bau beteiligten Firmen, nach der später gebaut werden wird. Daher müssen diese Pläne nicht nur sehr exakt sein, sondern auch die Fachplaner der Heizungs- und Elektrogewerke mit einbeziehen. Diese besprechen zusammen mit dem Bauherrn und dem Architekt, wo z.B. welche Durchbrüche und Kabelschlitze notwendig und sinnvoll sind. Die genaue Leitungsführung von Heizungsrohren und Elektrokabeln usw. kann nun festgelegt und in die Werkpläne eingetragen werden. So können die Leitungen kurz und effizient geführt werden. Bei größeren Bauvorhaben gibt es dafür gesonderte Pläne. Der Architekt muss diese Informationen zusammentragen und koordinieren. Auch im Hinblick auf den Brandschutz ist ein frühzeitiges Zusammenführen dieser Informationen wichtig.

Die Pläne sollten im Maßstab 1:50 – 1:10 gezeichnet sein. Sie beinhalten die Ansichten des Hauses von allen Seiten, die Grundrisse von jedem Geschoss, nötige Schnitte, mindestens einen Längs- und einen Querschnitt sowie Details einzelner Bauteile.

Wichtig ist vor allem eine ausreichende Vermaßung der Pläne. Jedes Bauteil muss maßlich genau erfasst sein, damit bei der Ausführung keine unnötigen Verzögerungen durch Nachfragen entstehen. Mehrere Maße ergeben eine Maßkette. Diese Maßketten sollten von außen nach innen die Proportionen immer detaillierter beschreiben. Betrachtet man z.B. im Grundriss die eine

Seite des Gebäudes, so sollten auf der äußeren Kette die kompletten Außenmaße des Gebäudes liegen. Dann, eine Kette weiter, die Maße für Vor- und Rücksprünge innerhalb dieses Gesamtmaßes. Wieder eine Maßkette weiter, die Vermaßung für die Fensteröffnungen usw.

In einem Plan müssen zusätzlich die verschiedenen Baumaterialien zeichnerisch durch eine Schraffur oder eine Einfärbung gekennzeichnet werden. Hierfür gibt es auf jedem Plan eine erklärende Legende.

Abkürzungen in Plänen:

D:	Durchbruch
DG:	Dachgeschoss
EG:	Erdgeschoss
HZ:	Heizkörper
KG:	Kellergeschoss
OG:	Obergeschoss
OKFB:	Oberkante Fertigboden
OKRB:	Oberkante Rohboden
RR:	Regenrinne
SP:	Spitzboden

Checkliste: Pläne

Grundrisse:	**vorhanden**
Grundriss eines jeden Geschosses Keller – Erdgeschoss – Obergeschoss – Dachgeschoss usw.	☐
Plankopf Objektname, Geschoss, Anschrift des Bauvorhabens, Maßstab, Datum, Planverfasser, Änderungsvermerke und Plannummer	☐
Legende für Materialdarstellung und Abkürzungen	☐
Nordpfeil	☐

Grundrisse:	**vorhanden**
Außenmaße Gebäude:	
1. Maßkette: Gesamtmaße des Baukörpers auf jeder Seite	☐
2. Maßkette: Maße der Vor- und Rücksprünge auf jeder Seite	☐
3. Maßkette: Maße der Fenster und Türöffnungen mit Höhenangabe und Anschlussmaß an die Wand	☐
Innenmaße Gebäude:	
Raumbemaßung (Tiefe und Breite)	☐
Wandstärken	☐
Maße der Fenster und Türöffnungen mit Höhenangabe und Anschlussmaß an die Wand	☐
Bemaßung von Durchbrüchen und Kaminen	☐
Unterzüge *Eingetragene gestrichelte Linien, die die Unter- und Überzüge darstellen (Strich – Strich oder Strich – Punkt – Strich)*	☐
Darüber und darunter liegende Wände *Eingetragene gestrichelte Linien, die die Wandlage des darunter oder darüber liegenden Geschosses darstellen (Strich – Strich oder Strich – Punkt – Strich)*	☐
Materialdarstellung der Bauteile *Z.B. schraffierte Wände, die die Materialbeschaffenheit symbolisieren (schräge Striche = Mauerwerk)*	☐

Grundrisse:	**vorhanden**
Bezeichnung der Räume *Schlafzimmer, Bad, Flur usw.*	☐
Flächenangaben *Quadratmeterangaben der einzelnen Räume*	☐
Treppen *Darstellung der Treppenläufe mit Laufrichtung und Beschriftung mit Stufenanzahl, Stufenhöhe und -breite*	☐
Einrichtungsgegenstände in den sanitären Räumen *Lage von Waschbecken, Badewanne und Dusche*	☐
Lage der Schnittführung *Strich – Punkt – Strich – Linie mit Bezeichnung (A–A, B–B)*	☐
Schnitte:	
Schnitte je nach Größe des Hauses *Je ein Längs- und ein Querschnitt*	☐
Plankopf *Objektname, Geschoss, Anschrift des Bauvorhabens, Maßstab, Datum, Planverfasser, Änderungsvermerke und Plannummer*	☐
Legende für Materialdarstellung und Abkürzungen	☐
Höhenkoten *z.B.: OKFB (Oberkante Fertigboden) ± 0.00*	☐
Bemaßung der Raumhöhen	☐
Bemaßung der Bauteilstärken *wie Decken und Wände*	☐

Grundrisse:	**vorhanden**
Darstellung der Fundamente	☐
Beschaffenheit des umgebenden Geländes Wieder verfüllte Bereiche, Höhenentwicklung	☐
Drainagerohre und Kiesverfüllungen	☐
Ansichten:	
4 Ansichten (aus jeder Himmelsrichtung)	☐
Plankopf Objektname, Ansichtsrichtung, Anschrift des Bauvorhabens, Maßstab, Datum, Planverfasser. Änderungsvermerke und Plannummer	☐
Darstellung der Fenster und Türen	☐
Darstellung der Regenrinne und Fallrohre	☐
Darstellung des Daches, der Gauben und Schornsteine	☐

2.2 Konstruktion, Brandschutz und Energiehaushalt

Zur Hausplanung gehört nicht nur eine gefällige und funktionale Raumaufteilung. Auch wichtige Punkte der Konstruktion und Gestaltung müssen entschieden werden. Dazu gehören insbesondere die Materialien und Baustoffe, die in dem neuen Haus verwendet werden sollen. Zuerst sollte festgelegt werden, ob das Haus ein Holzbau oder ein Steingebäude wird. Es sind nämlich sehr unterschiedliche Konstruktionen und Wandaufbauten möglich, außerdem ist der Energiebedarf eines Gebäudes heute ein wichtiger Faktor für die Planung. Dabei geht es zum einen um die Energie, die dem Gebäude zugeführt wird, und um die Kosten für die Rohstoffe (Öl, Gas, Holz, Pellets usw.), zum anderen um das Haushalten mit der gewonnenen Energie. Dies betrifft vor allem die Isolierung (Dämmung) und die Belüftung des Gebäudes. Die Energieeinsparverordnung (EnEV) gibt die einzuhaltenden Richtwerte für ein Haus vor. Es gibt jedoch auch noch Standards, die für einen noch gewissenhafteren Umgang mit dem Schutz vor Wärmeverlusten stehen. Dies sind die sogenannten Niedrigenergiehäuser, Passivhäuser oder Nullenergiehäuser.

Ein Passivhaus ist ein Gebäude, das nur noch mit einer geringen Restwärmezufuhr durch herkömmliche Heizanlagen auskommt. Der Energiebedarf wird durch eine günstige Sonneneinstrahlung und die Abwärme der Luft gedeckt. Diese Häuser sind extrem dicht und hochgradig gedämmt. Die Luft wird durch einen Wärmetauscher erwärmt oder abgekühlt. Das Haus wird mit einer kontrollierten Wohnraumlüftung versehen und so ist lüften nicht länger nötig – die Temperatur hält sich konstant.

Es handelt sich bei diesem Beispiel nur um einen Aspekt der Planung eines Hauses. Das ganze Haus muss auf dieses Konzept hin ausgerichtet und geplant werden. Die Möglichkeiten eines jeweiligen Konzeptes und der Materialien kennt der Architekt und Planer.

Schon immer sind Gebäude von Bränden betroffen gewesen. Daher spielt der Brandschutz eine wesentliche Rolle bei der Planung eines Gebäudes. Gemeint sind hier vor allem der Umgang mit Gefährdungen durch die Elektrik, die Brandentwicklung im Haus und die Brandübertragung durch Nachbargebäude. Defekte und falsch installierte Stromkabel sind eine häufige Brandursache. So müssen zum Beispiel auch Heizräume gesondert durch Brandsicherheitstüren und entsprechend ausgebildete Wände abgesichert werden.

Brandmelder sollten in Fluren und in den Schlafzimmern installiert werden. Ein geringer Kostenpunkt, der Leben retten kann (siehe in diesem Zusammenhang auch die Hinweise in Kapitel 3.7 zu Trockenbauarbeiten, Elektroarbeiten, Schreinerarbeiten usw.).

2.3 Normen

Im Bauwesen gibt es, wie auch in anderen Bereichen, Normen, die genau festlegen, wie eine Arbeit oder ein Produkt beschaffen sein soll. Diese sogenannten DIN-Normen werden vom Deutschen Institut für Normung e.V. erarbeitet und spiegeln den jeweiligen Stand der Technik wieder. Es ist deshalb darauf zu achten, dass die Arbeiten diesen Anforderungen entsprechen und nicht veraltet oder mangelhaft sind.

Der Auftragnehmer ist verpflichtet, seine Arbeiten nach diesem jeweiligen Stand der Technik auszuführen. Am besten ist es, wenn bereits in der Ausschreibung bzw. Angebotseinholung, endgültig aber bei der Vertragsgestaltung und Auftragsvergabe, die Anwendung der technischen Normen nach deren jeweils neuestem Stand als Auftragsbestandteil festgelegt wird.

Diese Normen legen auch gewisse Toleranzen fest, die bei der Ausführung nicht überschritten werden dürfen. In der VOB (Verdingungsordnung für Bauleistungen) Teil C sind viele dieser Festlegungen nachzulesen.

2.4 Ausschreibung

Mit der Ausschreibung, oder genauer gesagt mit dem Leistungsverzeichnis, beschreibt der Architekt alle auf der Baustelle durch Firmen auszuführenden Tätigkeiten. Eine Firma, die für die Ausführung in Frage kommt und für die Ausarbeitung des Angebots ein Leistungsverzeichnis erhält, trägt in die entsprechenden Felder (Positionen) ihre Einzelpreise (EP) und Gesamtpreise (GP) ein. Diese ergeben sich aus der Menge und dem Einzelpreis. Die einzelnen Positionen addieren sich zu einem gesamten Angebotspreis.

Beispiel für das Gewerk Fliesenarbeiten:

Position	Beschreibung	Menge	EP	GP
1.	**Vorbereiten des Untergrundes** Untergrund mit Tiefengrundanstrich vollflächig vorbereiten Untergrund: Zementestrich Produkt/Fabrikat: …xy… oder gleichwertig.	20 qm	….	….
2.	**Untergrund spachteln** Untergrund zum Ausgleich von Unebenheiten mit Estrich ausgleichen Dicke: bis 4mm Untergrund: Zementestrich Produkt/Fabrikat: …xy… oder gleichwertig.	20 qm	….	….
3.	**Bodenbelag aus Keramikfliesen 10 x 10cm** Fliesen im Dünnbettverfahren auf Zementestrich verlegen, Fugenausbildung nach Plan Abriebklasse: 6 Farbe der Fliesen: weiß Fugenfarbe: weiß Untergrund: Zementestrich Produkt/Fabrikat: …xy... oder gleichwertig.	20 qm	….	….

Es sollten möglichst immer mehrere Firmen des gleichen Berufsfeldes (Gewerkes), wie Fliesenleger, Maurer/Rohbauer oder Dachdecker, aufgefordert werden, ein Angebot abzugeben, um dann aus einem breiten Preisspektrum auswählen zu können.

In der Ausschreibung werden unter anderem neben der Anzahl oder der Fläche der zu errichtenden Bauteile auch die Qualitäten festgelegt. So kann angegeben werden, dass genau jene Fliese oder dieser bestimmte Werkstein verwendet wird. Diese Festlegung der Fabrikate ist wichtig, da so die Produktqualität gewährleistet wird. Außerdem wird die Preiskalkulation genauer und die Firma kann im Nachhinein nicht argumentieren, ihr wären Mehrkosten nur aufgrund teurerer Produktauswahl von Seiten des Bauherrn entstanden.

Genauso wichtig ist es, dass der Architekt die Arbeiten bzw. die Arbeitsschritte vollständig beschreibt und die Materialbeschaffenheit angibt. Vergisst er z.B., dass eine Gipskartonwand mit einer Brandschutzverkleidung (F-30) zu versehen ist, so kann dies durch den Auftragnehmer möglicherweise zu einer Preiserhöhung führen, da er teurere Platten, die dem Brandschutz gerecht werden, einkaufen muss.

Die Arbeiten müssen immer dem sogenannten aktuellen Stand der allgemein anerkannten Regeln der Technik entsprechen. Diese werden durch das Deutsche Institut für Normung e.V. (DIN) festgelegt.

Eine Ausschreibung besteht in der Regel aus:
1. dem Anschreiben,
2. dem Deckblatt mit Informationen zum Bauvorhaben,
3. den zusätzlichen Vertragsbedingungen, z.B. die Vertragsart (VOB, BGB), Fristen und Vertragsstrafen – wichtig für die Abnahme (Abnahmeart) und die Gewährleistung,
4. den besonderen Vertragsbedingungen, z.B. dass immer ein Ansprechpartner auf der Baustelle benannt sein muss,
5. einer Bietererklärung, z.B. Bestätigung über die Mitgliedschaft in einer Handwerkskammer oder Subunternehmerausschluss,
6. dem Leistungsverzeichnis mit der Auflistung der Positionen,
7. den Anlagen, wie z.B. Plänen und Zeichnungen.

Checkliste: Ausschreibung

Unterlagen	**vorhanden**
Anschreiben	☐
Deckblatt	☐
Datum und Submissionstermin stimmen	☐
Zusätzliche Vertragsbedingungen	☐
Besondere Vertragsbedingungen	☐
Bietererklärung	☐
Leistungsverzeichnis	☐
Das Leistungsverzeichnis ist auf seine Vollständigkeit hin überprüft	☐
Lageplan	☐
Für die Arbeiten notwendige Planunterlagen	☐

2.5 Vergabe an die Auftragnehmer

Nachdem die Angebote eingegangen sind, werden diese an einem sogenannten Submissionstermin gesichtet. Dies ist meist der Abgabetermin der Angebote. Die Angebote werden an diesem Tag geöffnet und auf ihre Vollständigkeit überprüft. Das gleichzeitige Öffnen gibt dem Bieter die Sicherheit, dass keine Preisabsprachen im Vorfeld gelaufen sind. Anschließend ist es sinnvoll, die Zwischenpreise und Endsummen der verschiedenen Bieter in einer Tabelle einander gegenüberzustellen. So lassen sich die einzelnen Angebote eines Gewerkes miteinander vergleichen. Für Ausschreibung, Vergabe und Abrechnung (AVA) gibt es spezielle Computerprogramme, mit denen das Leistungsverzeichnis erstellt werden kann.

Sind die Angebote vollständig und rechnerisch geprüft, kann man einen Bieter für die Ausführung auswählen. Dies muss nicht zwangsläufig der günstigste sein. Eine realistische Preiskalkulation ist in diesem Fall viel wichtiger, da sie eine qualitätsvolle Ausführung der Arbeiten ermöglicht. Als Vergleich ist dazu auch die Kostenschätzung des Architekten heranzuziehen.

Verträge

Der Auftraggeber (Bauherr) schließt mit jedem Beteiligten einen Vertrag, in dem die zu erfüllende Leistung beschrieben ist. Hierzu gibt es bereits vorbereitete Formulare, die aber auch speziell von einem Fachanwalt für Vertragsrecht erstellt werden können. Die Verträge richten sich generell nach der VOB Teil B und/oder dem BGB.

Damit Sie immer die Kontrolle behalten können, sollten Sie darauf bestehen, dass in den Verträgen festgehalten wird, dass der Auftragnehmer immer einen festen Ansprechpartner für die Baustelle benennt. Auch kann man festlegen, dass er keine Subunternehmer beschäftigt, die für ihn die Arbeiten übernehmen, da es immer ein Risiko darstellt, wenn man eine ohne Absprache einbezogene Firma und ihre Leistungen nicht kennt.

Subunternehmer sollten nur in besonderen Fällen beschäftigt werden und zwar dann, wenn die Firma die angebotenen Leistungen fachlich nicht ausführen kann und daher einen Teil der Arbeiten weitergeben muss. In jedem Fall sollte Ihnen die Firma jedoch bekannt sein und ebenfalls einen festen Ansprechpartner benennen.

Gewährleistungen

Für die ausgeführten Arbeiten und deren Qualität müssen die Auftragnehmer garantieren und für einen gewissen Zeitraum die Gewährleistung übernehmen. Diese Gewährleistungszeiten unterscheiden sich je nachdem, welche gesetzliche Grundlage bei Vertragsabschluss vereinbart worden ist.

Dies ist sehr wichtig und muss in der Ausschreibung bereits vermerkt werden. Sie können sich nach dem Bürgerlichen Gesetzbuch (BGB) oder nach der Verdingungsordnung für Bauleistungen (VOB) richten. Die längeren Fristen sind bei Anwendung des BGB einzuhalten.

Je nach Vertragsart gibt es unterschiedliche Gewährleistungsfristen, die es zu beachten gilt. Nach § 634a BGB ist die Verjährung der Mängelansprüche geregelt. Bei der Errichtung von Gebäuden liegt die Verjährung von Mängelansprüchen bei fünf Jahren (§ 634a 2). Die VOB/B gewährt jedoch nur vier Jahre.

2.6 Mängel

Bei den Arbeiten auf der Baustelle kommt es schon einmal vor, dass die Arbeiten nicht so ausgeführt werden, wie es gewünscht und ausgeschrieben ist. Das bezieht sich sowohl auf die verwendeten Produkte wie auch auf die Ausführungsart. Der Handwerker ist dazu verpflichtet, die Arbeiten nach den aktuellen DIN-Normen sowie den gültigen anerkannten Regeln der Technik auszuführen.

Es reicht nicht immer aus, den Handwerker anzusprechen und auf den Mangel hinzuweisen. Es ist empfehlenswert, dies schriftlich im Bautagebuch/Protokoll der Baubegehung festzuhalten. Dieses Protokoll muss dem Auftragnehmer zugeschickt werden. Wird der Mangel daraufhin nicht behoben, sollte der Auftragnehmer schriftlich in Form einer Mängelrüge aufgefordert werden, diesen zu beheben. Das geschieht durch den Bauleiter in Einvernehmen mit dem Bauherrn. Im Hinblick auf einen Rechtsstreit ist es wichtig, auf die schriftliche Mängelanzeige nicht zu verzichten. Ist die VOB als Vertragsgrundlage für den Bauvertrag vereinbart, so ist dies besser für den Auftraggeber. Nach der VOB muss der Auftragnehmer die Mängel innerhalb einer gesetzten Frist beheben, die auch während der Ausführung des Gewerkes möglich ist.

Hinweis: In derselben Buchreihe „Bau-Rat" ist auch der empfehlenswerte Band „Fehlerfrei zum eigenen Haus" erschienen. Informationen dazu siehe Seite 112.

2.7 Wichtige Termine

Wenn der Bauantrag eingereicht wurde, kann in einigen Bundesländern eine „Teilbaugenehmigung“ eingeholt werden. Einige Arbeiten können so bereits vorgezogen werden, wie z.B. der Aushub.

Nachdem die Baugenehmigung erteilt wurde, hat der Bauherr die Pflicht, durch verschiedene Angaben seinen Baufortschritt bei den Behörden anzuzeigen. Diese schriftlichen Meldungen können in den einzelnen Bundesländern verschieden sein. Die Formulare erhält man bei der zuständigen Baugenehmigungsbehörde. Als erstes muss man den Beginn der Arbeiten durch die „Baubeginnanzeige“ melden. Die Fertigstellung des Rohbaus und der Abschluss der Arbeiten sind ebenso meldepflichtig. Die Behörde macht häufig zu diesen Terminen eine örtliche Begehung. Der Anschluss an das öffentliche Kanalnetz ist mit den Behörden und den Versorgungsunternehmen abzustimmen.

2.7.1 Jour Fix

Für die meisten Baustellen ist es sinnvoll, einen festen Termin für die Baubesprechungen mit den Handwerkern, dem Architekt/Bauleiter und den Sonderingenieuren zu vereinbaren. Diesen wöchentlichen Zeitpunkt nennt man auch „Jour Fix“. Dieser feste Tag ist die beste Möglichkeit, um Probleme zu besprechen und auch zu klären, da alle Verantwortlichen zu dem Termin kommen sollten, die zur Zeit auf der Baustelle tätig sind. Handwerkerfirmen können sich so untereinander koordinieren, der Bauherr und sein Bauleiter behalten den Überblick und Themen wie z.B. Maßnahmen für eine saubere Baustelle/Müllbeseitigung lassen sich mit allen besprechen. Wenn man nur mit einzelnen Beteiligten spricht, verweisen diese zu gerne auf Andere. Zu den Besprechungen sollte immer ein Protokoll in Form einer Aktennotiz angefertigt werden, das anschließend an die Beteiligten verteilt und gegengezeichnet wird. Jeder hat dann schriftlich, was vereinbart wurde und Missverständnisse werden vermieden.

Vorlagebeispiel
für ein Besprechungsprotokoll/eine Aktennotiz:

Projekt:		
Besprechungstag und Ort:		**Protokoll Nr.**
Teilnehmer:	**Firma:**	**Adresse/E-Mail**
Besprechungspunkt:	**Sachstand:**	

Checkliste: Terminplanung

Termine geklärt/Erledigungen	veranlasst
Baugenehmigung	☐
Vollständige Planunterlagen für die Ausführung	☐
Einreichen des Antrags zur Fällung von Bäumen	☐
Bereitstellung von Baustrom und Wasser	☐
Baufirmen sind beauftragt und terminlich festgelegt	☐
Kanalanschluss behördlich geregelt	☐
Einreichen der Baubeginnanzeige	☐
Baustelle ist eingerichtet	☐
Abnahme der Aushubarbeiten	☐
Abnahme der Rohbauarbeiten	☐
Einreichen des Formulars über die Fertigstellung des Rohbaus	☐
Abnahme Kamin	☐
Abnahme der Heizungs- und Installationsarbeiten	☐
Einreichen des Formulars über die Fertigstellung des Gebäudes	☐
Gebäude ist eingemessen und in den Lageplan eingetragen	☐
Schlussabnahme des Gebäudes	☐

2.7.2 Baustellenbegehung

Vor oder auch nach den Baubesprechungen schließt sich immer eine Baubegehung an, um den Fortschritt der Arbeiten zu begutachten. Hierbei werden häufig neue Fragen aufgeworfen, die vor Ort geklärt werden müssen. Zu dieser Baubegehung muss ein Protokoll angefertigt werden, das der Bauleiter führt. Alle vor Ort besprochenen Probleme, Beschlüsse und der Baufortschritt werden hier eingetragen. Es ist wichtig, dass der Bauleiter dieses Protokoll allen Beteiligten, insbesondere dem Bauherrn, in schriftlicher Form nach jeder Begehung aushändigt. Für den Bauherrn ist es ratsam, ebenfalls bei den Baubesprechungen und Baubegehungen mitzuschreiben, um das Protokoll des Bauleiters überprüfen zu können. Eine Kamera dabei zu haben, empfiehlt sich immer. So können die Bauzustände gut dokumentiert werden. Die Fotos müssen jedoch mit Datum und Ort versehen sein, damit sie später auch glaubhaft genutzt werden können.

Regelmäßige Begehungen der Baustelle sind wichtig. Das sollten Sie dabei haben:

Checkliste: Baustellenbegehung

Hilfsmittel und Unterlagen	vorhanden
Sicherheitsschuhe	☐
Bauhelm, wetterfeste Kleidung	☐
Zollstock und Wasserwaage	☐
Schreibgeräte, Notebook oder Diktiergerät	☐
Vollständige Planunterlagen für die Ausführung	☐
Bauzeitenplan (Soll- und Ist-Stand)	☐
Ordner mit Besprechungsprotokollen	☐

Hilfsmittel und Unterlagen	vorhanden
Leeres Besprechungsprotokoll für diesen Tag	☐
Liste mit Telefonnummern der am Bau beteiligten Unternehmen bzw. Personen	☐
Digitalkamera und Taschenlampe	☐

2.7.3 Organisation

Damit Sie als Bauherr immer den Überblick behalten, empfiehlt es sich, Ordner anzulegen, in denen Sie den Schriftverkehr und die Protokolle einheften. Dazu gehören auch die Protokolle der Baustellenbegehungen sowohl des Bauherrn als auch des Bauleiters. So lassen sich die Protokolle inhaltlich besser kontrollieren und miteinander bei Bedarf vergleichen.

Folgende Ordnerstruktur empfiehlt sich:
- Ordner Planungsbüro / Architekt
- Ordner Genehmigungsplanung
- Ordner Baupläne (aktuelle obenauf, ältere nicht wegwerfen, sondern eingeheftet lassen)
- Ordner Handwerksbetriebe (je nach Umfang für jedes Gewerk einen Ordner)
- Ordner Baubegehungsprotokolle und Baustellentermine (Deckblatt mit Telefonnummern aller Beteiligten)
- Ordner Bautagebuch des Bauleiters
- Ordner für die Fotodokumentation des Baufortschritts

2.8 Bauzeitenplan

Im Vorfeld der Bauarbeiten, meist parallel zu den Ausschreibungen, sollte der Architekt einen Terminplan erstellen. Dieser Plan zeigt auf, wann welche Arbeiten beginnen und enden. Der Ablauf des gesamten Bauvorhabens wird meist in Form eines Balkendiagramms für jedes Gewerk dargestellt. Die einzelnen Balken ergänzen sich und stellen die Gesamtdauer des Bauvorhabens dar. So wird z.B. festgelegt, dass in der 34. Kalenderwoche des Jahres X die Zimmermannsarbeiten beendet sein sollen und der Dachdecker seine Arbeit aufnimmt, der dann bis zur 36. Woche arbeitet. Parallel verlegt der Elektriker seine Kabel. Der Bauzeitenplan ist ein sehr wichtiges Instrument, um die Arbeiten zu kontrollieren, nicht in Zeitverzug zu geraten und die Abläufe zu steuern. Er verdeutlicht insbesondere die Abhängigkeiten der einzelnen Gewerke untereinander. Der Plan muss ständig erweitert und aktualisiert werden.

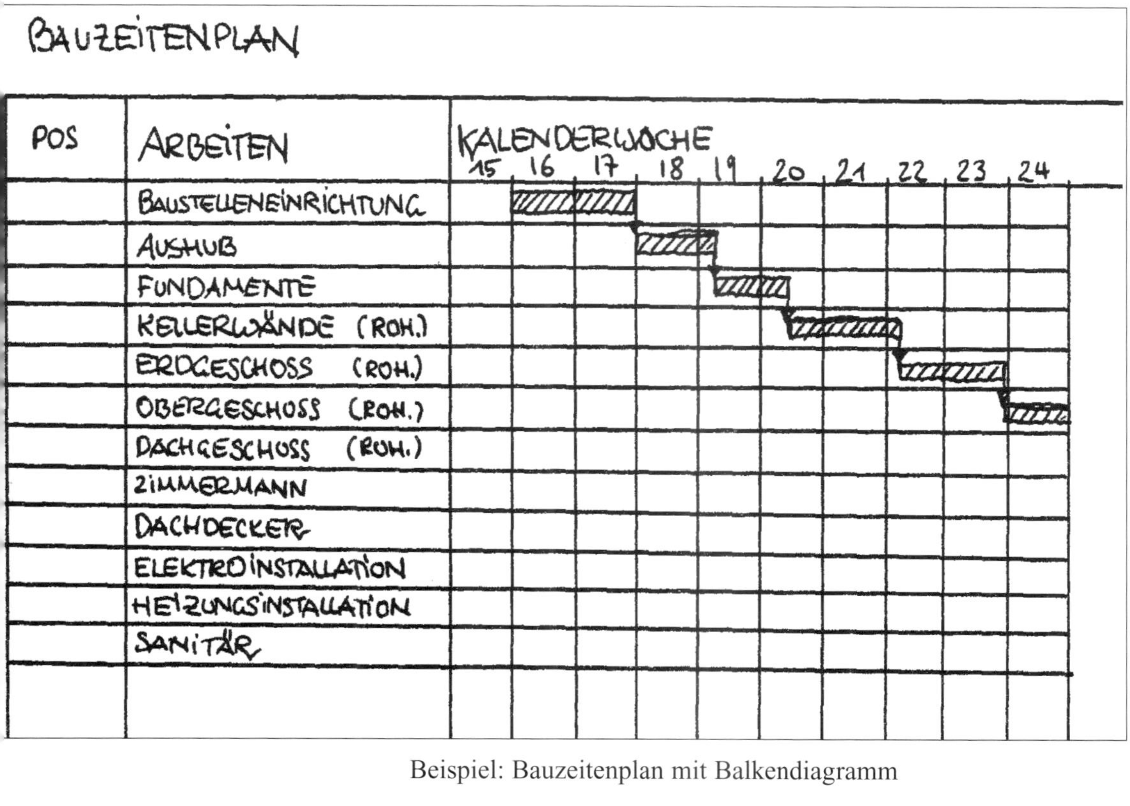

Beispiel: Bauzeitenplan mit Balkendiagramm

3. Der Bau und die einzelnen Gewerke

3.1 Sicherheit und Unfallverhütung auf der Baustelle

Jede auf der Baustelle arbeitende Firma ist dazu verpflichtet, sich an die gültigen Arbeitsschutzbestimmungen zu halten. Das heißt, die Arbeitnehmer sind durch ihren Arbeitgeber entsprechend mit einer Schutzausrüstung zu versehen. Dazu gehören z.B. Sicherheitsschuhe, Handschuhe und Bauhelme. In den Bemerkungen der Ausschreibung sind diese auch noch einmal festgehalten und ebenfalls unter der Rubrik Baustellenordnung zu finden. Der Auftragnehmer ist auch verpflichtet, einen Arbeitnehmer zu benennen, der als Ansprechpartner für diese Belange zuständig ist.

Grundsätzlich ist jedoch der Bauherr für die Sicherheit und für die Einhaltung der Unfallverhütungsvorschriften auf seiner Baustelle zuständig. Er kann dafür einen Fachmann hinzuziehen, der diese Aufgaben für ihn wahrnimmt. Bei kleineren Bauvorhaben wird dies meist der Bauleiter und/oder der Architekt sein. Bei größeren Objekten, bei denen mehrere Firmen tätig werden, ist ein Sicherheits- und Gesundheitsschutz-Koordinator zu benennen. Die rechtliche Grundlage hierfür bietet die Baustellenverordnung.

Sollte es zu einem Unfall kommen, kann es lebensrettend sein, wenn ein Plan mit den Notfallnummern und den wichtigsten Adressen sichtbar an einem oder mehreren Bereichen der Baustelle aufgehängt ist. Auch sollten an diesem zentralen Ort Verbandsmaterialien für eine Erstversorgung bereitgestellt werden.

3.2 Das Grundstück wird vorbereitet

Vor dem Kauf des Grundstücks sollte sich der Erwerber und Bauherr bestätigen lassen, dass der Baugrund des gesamten Grundstücks nachweislich nicht durch Altlasten belastet ist. Wird das versäumt, dann müsste eventuell belasteter Erdaushub vom Erwerber/Bauherr teuer und, sofern kein Haftungsausschluss vereinbart wurde bzw. keine nachweisbare arglistige Täuschung im Spiel ist, auf eigene Kosten entsorgt werden. Ganz abgesehen von eventuellen hohen Prozesskosten und uneinbringlichen Vorfinanzierungen, die den Baufortschritt viel zu lange beeinträchtigen würden.

Bevor mit dem Bau eines Hauses begonnen wird, muss das Grundstück von bestehenden Bauten und bestehender Vegetation befreit werden. Für den Abriss eines Vorgängerbaus wird eine Abbruchgenehmigung benötigt. Auch störende Bäume müssen zurückgeschnitten oder gefällt werden. Bepflanzungen, die erhalten werden sollen, müssen vor Beginn der Arbeiten sachgerecht durch einen Gärtner geschützt werden. Zum Fällen von großen Bäumen mit einem entsprechenden Stammdurchmesser ist eine Fällerlaubnis bei der Genehmigungsbehörde einzuholen. Auch die umgebende Nachbarbebauung ist eventuell vor den Bauarbeiten zu schützen. Auch bei neu zu bebauenden Grundstücken kann es nötig sein, nach möglichen Überbleibseln des letzten Krieges zu suchen. Erste bzw. weiterführende Auskunft darüber ist oftmals bereits bei der Feuerwehr erhältlich.

3.2.1 Baustelleneinrichtung

Zu jeder Baustelle gehört die Planung einer gut organisierten Baustelleneinrichtung. Sie wird in einem Plan festgehalten und sie zeigt auf, wo Baumaterialien und Werkzeuge gelagert werden können, wo sich z.B. der Bauwagen für die Arbeiter, das WC und eine Aufstellungsmöglichkeit für den Baukran befinden. Auch muss hier kenntlich gemacht werden, wo der Aushub der Baugrube gelagert werden kann, wenn er nicht abgefahren wird. Schutzmaßnahmen für vorhandenen Bewuchs und umgebende Gebäude (Bauzaun) sind vorzusehen. Die für diese Arbeit nötigen Baustromkästen und die Anschlussmöglichkeiten für die Wasserentnahme (Hydranten) sind im Voraus zu klären. Hierzu sollte man sich frühzeitig an die zuständigen Versorgungsunternehmen wenden. Dort bekommt man ebenfalls die Informationen über bereits vorhandene Leitungsführungen, die möglicherweise vom eigenen Grundstück zum Nachbarn hin laufen. Dies ist für den späteren Aushub wichtig, damit keine Leitungen beschädigt werden können. Es ist auch dafür zu sorgen, dass die Baustoffe und vorgefertigten Elemente durch LKWs bequem angeliefert und abgeladen werden können.

Checkliste: Baustelleneinrichtung

Baustelleneinrichtungsplanung	vorhanden
Versorgungsunternehmer:	
Wasseranschluss	☐
Elektroversorgung	☐
Anschluss an das bestehende Kanalnetz	☐
Gasanschluss	☐
Lage bereits bestehender Leitungen	☐
Baustelleneinrichtungsplan:	
Lagerplatz für Baumaterialien	☐
Lagerplatz für den Aushub	☐
Standort des Baukrans	☐
Standort des Bauwagens	☐
Standort des WCs	☐
Zufahrt für die Anlieferung	☐
Anschluss und Leitungsführung von Wasser	☐
Anschluss und Leitungsführung von Strom	☐
Lage des Bauzauns	☐
Schutz für vorhandenen Bewuchs	☐

Durch eine gute Vorplanung der Baustelleneinrichtung lassen sich viele Probleme im Vorfeld vermeiden.

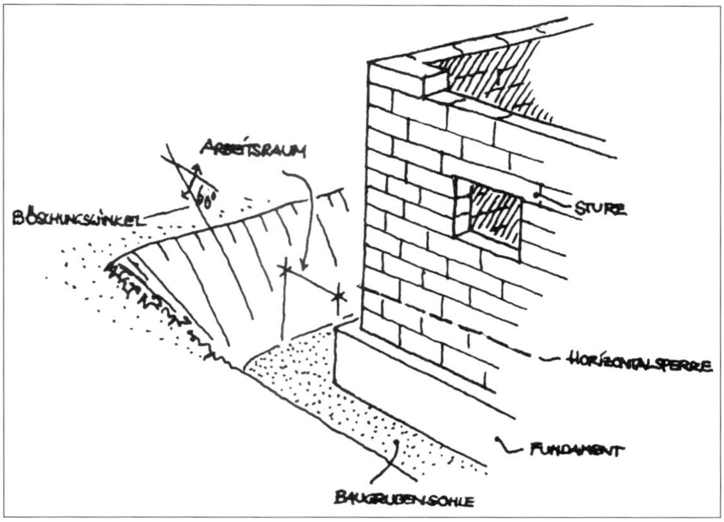

Beispiel: Gut erkennbare zeichnerische Darstellung

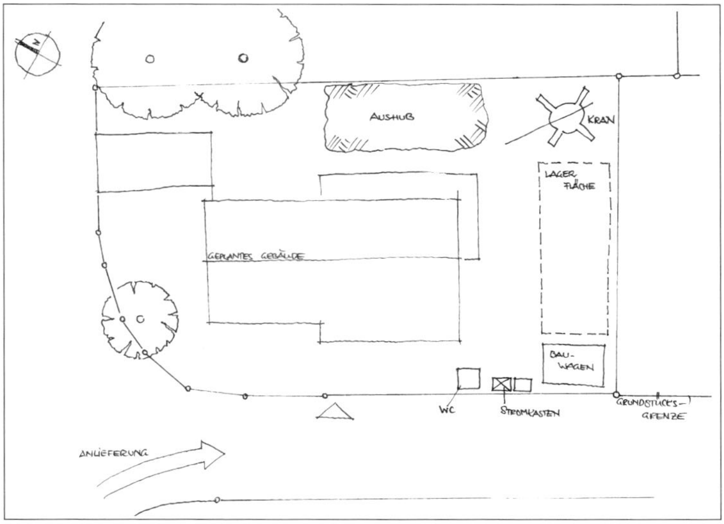

Beispiel: Plan einer Baustelleneinrichtung

3.3 Die Baugrube

3.3.1 Aushub

Es ist zu empfehlen, vor der Baumaßnahme ein sogenanntes Bodengutachten erstellen zu lassen (siehe Seite 12: *Bodengutachter*). So wird man bei den Aushubarbeiten vor unangenehmen Überraschungen weitgehend verschont. Der Vermessungsingenieur misst die Abmessungen der Baugrube ein und kennzeichnet diese durch Pfosten. An jeder Ecke werden immer drei Pfosten, rechtwinkelig zueinander, in den Boden eingegraben. Diese müssen durch waagerecht ausgerichtete Bretter miteinander verbunden sein. Sie sind die Grundlage eines Schnurgerüstes, mit dessen Hilfe die wichtigsten Punkte des Gebäudes eingemessen werden können.

So kann der Bauunternehmer Schicht für Schicht mit dem Ausbaggern beginnen, bis er die Baugrubensohle erreicht hat. Nötig hierbei sind vor allem eine ausreichende Abschrägung (Böschungswinkel) der Baugrubenwände und das Vorsehen eines Arbeitsraums (Bereich am Fuße der Schräge zum neuen Bauteil) von mindestens 50 cm, der für die Arbeiter besonders wichtig ist (Arbeitsschutz).

Die Abschrägung darf bei nicht bindigen und weichen Böden höchstens 45°, bei bindigem oder halbfestem Boden nicht mehr als 60° aufweisen. Zusätzlich sollte diese Böschung immer mit einer Plane oder Folie abgedeckt werden, um die durch Regen ausgelöste Erosion zu verhindern. Wenn keine Böschungen möglich sind, müssen die Wände durch einen Verbau gesichert werden. Ist die Baugrube ausgehoben, kontrolliert der Vermessungsingenieur ihre Tiefe und misst sie ein (Baugrubensohle).

3.3.2 Grundwasser und Wasserhaltung

Ein Bodengutachten schafft im Vorfeld Klarheit über die Tragfähigkeit und Beschaffenheit des Baugrundes und über die Höhe des Grundwasserspiegels. Bei bindigen Böden, die das Wasser nicht abfließen lassen, ist eine sogenannte Wasserhaltung nötig. Dafür wird an der tiefsten Stelle der Baugrube ein Schacht gebaut. Dieser „Pumpensumpf" wird durch Drainagerohre oder Gräben gespeist, die bei Regen das Wasser zur Pumpe leiten. Von hier aus wird dann das Wasser aus der Baugrube gepumpt.

Liegt der Grundwasserspiegel oberhalb der Baugrubensohle muss das Grundwasser abgesenkt werden. Dies geschieht vor und parallel zum Aushub. Dabei wird mit Saugrohren der Wasserspiegel abgesenkt. Die Wände der Baugrube werden dann mit sogenannten Spundwänden abgestützt. Diese Prozedur ist aufwendig und teuer - die Erfordernis dafür sollte vorher geklärt werden. Zu berücksichtigen sind auch die Nachbarhäuser, die durch eine Grundwasserabsenkung gefährdet werden können. Entsprechende Sicherungsverfahren (Bodenverfestigung, Abstützung und Injektionsmörtel) müssen dann durchgeführt werden.

3.3.3 Grundleitungen

Sobald die Baugrube ausgehoben ist, beginnen die Bauarbeiten an der Fundamentierung des Hauses. Hier müssen zunächst die Grundleitungen (z.B. Kunststoff- oder Steinzeugrohre für die Abwässer und für das Regenwasser) verlegt werden. Sie müssen immer in einem Gefälle (min. 2%) verlegt werden, damit sich die anfallenden Abwässer nicht aufstauen können. Die Leitungen dürfen sich zu ihrem Ende hin nicht verengen (kleiner Querschnitt) und ihre Anschlusspunkte müssen in einem Winkel zusammengeführt werden, der nicht größer als 45° sein darf. Alle Leitungen führen in eine oder zwei Hauptleitungen, die an die Straßenkanalisation angeschlossen werden. Es gibt zwei Abwassersysteme, die je nach Stadt bzw. Gemeinde variieren können.

Das Mischsystem führt Regen- und Schmutzwasser in einem Kanal ab, während das Trennsystem dieses Wasser in getrennten Rohren abführt. Entsprechend dem gewählten System variiert auch der Anschluss des Grundstücks. Auf dem Grundstück ist eine Reinigungsöffnung für die Grundleitungen vorzusehen.

Checkliste: Baugrube und Grundleitungen

Kontrolle der Baugrube und Grundleitungen	**erledigt**
Die Gebäudegröße ist vom Vermessungsingenieur abgesteckt worden	☐
Bodengutachten liegt vor	☐
Anschluss an die öffentliche Leitungsführung ist geklärt	☐
Schnurgerüst ist eingemessen und aufgestellt	☐
Das Gelände ist durch eine Böschung (Winkel!) oder durch einen Verbau gesichert	☐
Arbeitsraum ist ausreichend breit	☐
Baugrubensohle ist eingemessen	☐
Abwassereinleitung mit Gemeinde ist geklärt	☐
Abdeckfolie für die Böschung ist vorhanden (Regen)	☐
Grundleitungen sind im Gefälle verlegt	☐
Anschlusswinkel der Rohre ist nicht > 45°	☐
Reinigungsöffnung für die Grundleitung ist vorhanden	☐

3.4 Gründung und Kellergeschoss

3.4.1 Fundamente

Unterschieden werden Streifen- und Einzelfundamente. Für sie werden entweder Gräben ausgeschachtet, in die der Beton verfüllt wird, oder es werden auf der Baugrubensohle Schalungen gebaut und später verfüllt. In jedem Fall sollte eine Sauberkeitsschicht das Erdreich von dem Fundament trennen (unbewehrte Betonschicht von ca. 10 cm). Besonders wichtig ist die Frostfreiheit der Fundamente, die deshalb mindestens 80 cm (bei normalem Klima) unterhalb der Erdoberfläche liegen müssen, da sie durch eine auffrierende Feuchtigkeit beschädigt werden können und die Tragfähigkeit beeinträchtigt wird. Die Bewehrung (Eisengitter und Stangen) muss ausreichend mit Zement überdeckt sein. Das gilt nicht nur für die Fundamente, sondern für alle Betonbauteile. So lässt sich auch hier ein guter Schutz vor der Feuchtigkeit oder mechanischen Belastungen gewährleisten und die Korrosion der Bewehrung verhindern.

In die Fundamente wird ein langes eisernes Band eingelegt. Es dient als Erdung und wird an einer oder mehreren Stellen aus dem Fundament hinausgeführt, um daran später elektrische Leiter, z.B. Metallrohre, anschließen zu können. Die Dimensionen der Fundamente ergeben sich aus den statischen Berechnungen und richten sich nach den Lasten des Gebäudes.

3.4.2 Bodenplatte

Die Bodenplatte ist zugleich der Boden des Kellergeschosses. Sie liegt in einem Teilbereich auf den Außenfundamenten auf und legt sich über das gesamte Kellergeschoss. Die Fundamente kragen aus, um die Lastabtragung der Wände aufzunehmen. Damit die Bodenplatte im Erdbereich keinen Kontakt zum Boden hat und vor Feuchtigkeit geschützt ist, liegt sie wie die Fundamente auf einer Sauberkeitsschicht aus Beton. Darunter kommen eine Folie und ein Schotterkoffer, die eine kapillarbrechende Schicht aus Kies bilden. Damit wird vermieden, dass der Beton durch gefrierendes Wasser geschädigt wird.

Vor dem Betonieren der Bodenplatte sollten noch einmal alle Anschlüsse der Bewehrung für die aufgehenden Wände geprüft werden, wenn diese ebenfalls in Stahlbeton ausgeführt werden. Überprüft werden müssen auch sämtliche Durchführungen durch die Platte, d. h. alle Leitungen und Fallrohre.

Die fertig zusammengebundenen Stahlmatten und Bewehrungskörbe müssen von dem zuständigen Statiker vor dem Betonieren durch eine örtliche Begehung noch einmal abgenommen werden.

Die Betonqualität einer Bodenplatte sollte in der Regel die Güte C20/25 (früher B25) aufweisen. Das hängt aber auch stark vom Boden und dem Grundwasserspiegel des Grundstücks ab. Auf die Kellerdecke gehört nochmals eine Abdichtung gegen Wasser, z.B. eine Bitumenbahn, die durch die künftige Kellerwand, in ca. 30 cm Höhe, hinausgeführt wird (Horizontalabdichtung). Dort wird sie später mit der Vertikalabdichtung auf der Außenseite der Wände zusammengeführt (siehe *Kellerwände*).

3.4.3 Kellerwände

Kellerwände können betoniert oder gemauert werden. In erster Linie hängt das von dem umgebenden Erddruck und den Auflasten ab. Der Beton ist das druckfestere Material, aber auch der teurere Werkstoff. Je tiefer der Keller in der Erde liegt, umso stärker müssen auch die Mauern sein. Werden die Kellerwände in Mauerwerk ausgeführt, müssen auch die Steine eine höhere Druckfestigkeit aufweisen. Generell sind Kellerwände druckfester als Wände eines Geschosses ohne Erddruck.

Bei gemauerten Wänden wird als oberer Abschluss der Kellerwand ein Ringanker aus Beton auf der Mauer aufbetoniert. Er wirkt wie eine Klammer die das Gebäude zusammenhält. Meist übernimmt diese Aufgabe jedoch die Erdgeschossdecke mit, die direkt auf den Wänden aufsitzt. Diese muss dann so konstruiert sein, dass sie der Aufgabe gerecht wird (stärkere Bewehrung).

Einer der häufigsten Schadensfälle an einem Haus ist die mangelnde Abdichtung des Kellergeschosses gegen Feuchtigkeit. Weisen Sie Ihren Architekt oder Bauleiter darauf hin, dass er die Abdichtungsarbeiten genau überwacht. Die Wände werden mit bituminösen Anstrichen oder Bahnen versehen, die häufig mehrmals übereinander gestrichen werden müssen. Dies ist vom verwendeten Produkt und dem Grundwasserspiegel abhängig.

Ein wichtiger Punkt ist der Übergang von der Wand zum Fundament. Dieser sollte, wenn das Fundament auskragt, z.B. durch einen Dämmkeil abgerundet werden, damit das Wasser auf der Abdichtung nicht stehen bleiben und nicht mit der Zeit doch eindringen kann.

In diesem Bereich wird auch die Horizontalsperre der Kellergeschossdecke und der Wand an die außenliegende Abdichtungsbahn angeschlossen (siehe *Bodenplatte*). Vor diese Sperrschicht gegen Wasser wird ein Schotterkoffer gefüllt, der ein schnelles Abfließen des Wassers ermöglichen soll. Damit dieser die Abdichtung nicht beschädigt, kommt zwischen Sperrschicht und Kies noch eine schützende Dämmplatte oder Vergleichbares (siehe *Drainage*).

Checkliste: Gründung, Bodenplatte und Kellerwände

Kontrolle von Gründung, Bodenplatte und Kellerwänden	**erledigt**
Die Baustelle ist eingerichtet	☐
Die Baupläne sind alle vorhanden	☐
Die Fundamentsohle liegt im frostfreien Bereich	☐
Die Sauberkeitsschicht ist eingebracht	☐

Kontrolle von Gründung, Bodenplatte und Kellerwänden	**erledigt**
Die Fundamenterdung ist verlegt	☐
Eine kapillarbrechende Schicht unter der Betonplatte ist eingebracht	☐
Die Bewehrung hat ausreichende Überdeckung	☐
Die Durchbrüche für die Leitungsführungen sind in der Schalung eingebaut	☐
Der Statiker hat die Fundamente und die Bodenplatte vor der Betonierung abgenommen	☐
Die Betongüte auf dem Lieferschein des Betonherstellers ist überprüft	☐
Die Kellerwände sind gegen aufsteigendes Wasser abgedichtet (Horizontalabdichtung)	☐
Die Kellerwände sind gegen Feuchtigkeit abgedichtet und die Abdichtung ist über die Geländeoberfläche geführt (Vertikalabdichtung)	☐
Die Abdichtung ist im Fundamentbereich angeschlossen (Verbindung von vertikaler und horizontaler Abdichtung)	☐
Die Baustelle wurde sauber verlassen	☐

3.4.4 Drainage

Feuchte Keller entstehen häufig durch drückendes Wasser. Drückend deshalb, da es durch den das Gebäude umgebenden Boden nicht abfließen kann. Mit der Zeit würde das anstehende Wasser in das Gebäude sickern. Hier hilft neben der richtigen Abdichtung noch zusätzlich eine außenliegende Drainage.

Bei einem Boden, der das Wasser gut abfließen lässt, ist eine Drainage meist nicht nötig. Bei lehmhaltigem oder wasserbindendem Boden ist sie aber dringend erforderlich. Eine Drainage ist ein ringförmig um das Gebäude herumlaufendes Rohr, dessen Oberseite durch kleine Öffnungen wasserdurchlässig ist. Sie liegt unter der Geländeoberfläche neben der Außenwand des Hauses. Die Rohre sind im Gefälle verlegt, so dass Wasser nur in eine Richtung abfließen kann, und sind in eine Sickerpackung aus Kies eingebettet. Darüber ist der Boden locker verfüllt, so dass das Wasser leicht durchsickern kann. Im Drainagenrohr gesammelt, wird es sodann kontrolliert abgeführt.

An jeder Ecke des Gebäudes, wo das Rohr eine Richtungsänderung macht, gibt es einen Kontrollschacht, der auch das Spülen und Reinigen der Drainage ermöglicht.

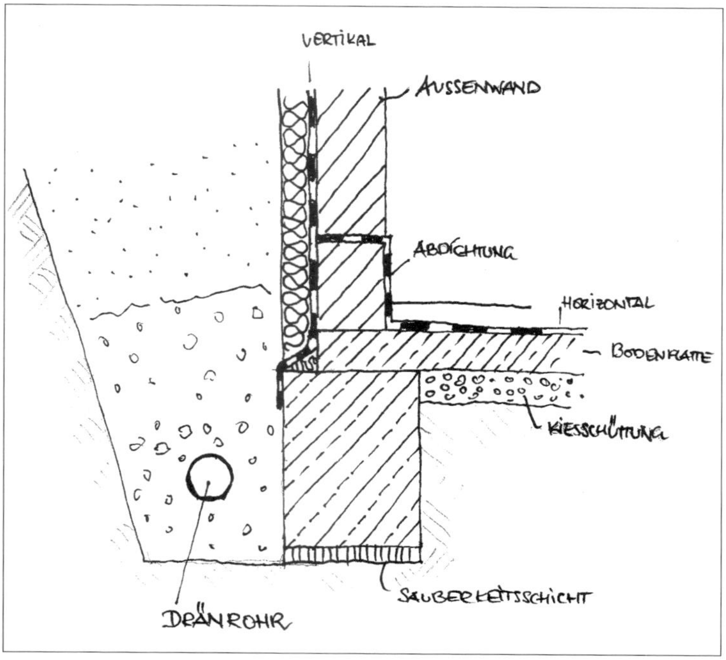

Schnitt durch Fundament, Bodenplatte und Kelleraußenwand

Checkliste: Drainage

Kontrolle der Drainagearbeiten	überprüft
Die Kiesschüttung ist unter den Drainagerohren verlegt	☐
Die Drainagerohre sind nur oben perforiert (keine gelben Rohre aus der Landwirtschaft, die rundherum kleine Löcher haben)	☐
Die Drainagerohre sind im Gefälle verlegt (>2%)	☐
Ausreichende Kontrollschächte sind vorhanden (an den Stellen, an denen das Rohr seine Verlaufsrichtung ändert)	☐
Das Drainagerohr liegt im Niveau der Bodenplatte, aber nicht unterhalb des Fundaments!	☐
Die Arbeiten sind vor dem Verfüllen abgenommen	☐
Nichtbindige Erde wurde zum Verfüllen verwendet (Bauschutt oder Lehmboden ist für die Verfüllung nicht geeignet!)	☐
Die Baustelle wurde sauber verlassen	☐

3.4.5 Kellerfenster

Die Aussparungen in den Wänden für die Fenster des Kellergeschosses haben, wie bei allen Fenstern, als oberen Abschluss einen Sturz aus speziellen Steinen oder Stahlbetonelementen. Die Stürze sind mit einer Bewehrung verstärkt. So wird verhindert, dass die darüberliegende Wand in das Fenster einstürzt.

Die Fensterelemente selber können variieren, aus einer Isolierverglasung mit sich öffnendem Flügel oder, wie früher häufig so ausgeführt, aus einem einfach verglasten und vergitterten Fenster. Die Fensterausführung im Hinblick auf Belichtung und die Dichtigkeit der Fenster hängt von der späteren Nutzung der Räume ab. Die Fenster werden mit Verschraubungen im Mauerwerk fest verankert und mit Schaum abgedichtet.

Kellerfenster, die unterhalb der Geländeoberfläche liegen, haben einen Lichtschacht. Dieser kann als fertiges Element mit Abdeckung geliefert werden. Damit sich im Lichtschacht kein Wasser ansammelt, sollte dieser an die Ringdrainage angeschlossen werden oder, falls eine Drainage fehlt, mit einem eigenen Abfluss versehen sein. Beim Anschluss an die Wand darf die Abdichtung gegen Feuchtigkeit nicht beschädigt oder beeinträchtigt werden. Die Ausführung ist je nach Fabrikat und Art der Abdichtung unterschiedlich.

3.5 Aufgehende Bauteile

3.5.1 Decken

Sind die Kellerwände so weit hochgezogen, dass sie ihre vollständige Geschosshöhe erreicht haben, dann wird die erste Decke eingezogen. Die Geschossdecken eines Hauses werden meistens in Stahlbeton erstellt. Diese können aus vorgefertigten Elementen bestehen oder vor Ort in einer Schalung betoniert werden (Ortbeton). Eine weitere Möglichkeit ist z.B. eine Holzbalkendecke.

Bei Ortbeton wird zuerst eine Holzverschalung über die gesamte Fläche aufgebaut. Darauf wird die Eisenbewehrung montiert und anschließend der Beton hineingegossen. Die Anzahl der Bewehrungseisen und ihre Lage werden vom Statiker festgelegt. Er sollte diese Arbeiten vor und nach dem Betonieren begutachten und abschließend abnehmen.

Die Eisen müssen einen ausreichenden Abstand zur Schalung haben, der z.B. durch Kunststoffabstandshalter gewährleistet wird. Der Abstand und die ausreichende Betonüberdeckung sind wichtig, um die Bewehrung vor Feuchtigkeit zu schützen. Ist erst einmal Feuchtigkeit in das Bauteil eingedrungen, korrodiert die Bewehrung und sprengt die Oberfläche des Betons ab.

Die Betondecken werden nicht bis auf die Außenkante der Kellermauer betoniert. Hier wird nachträglich ein umlaufender Dämmstreifen eingebracht, um eine Wärmebrücke zu vermeiden. Bei einer Decke aus vorgefertigten Elementen ist der Arbeitsvorgang ähnlich wie bei der Ortbetondecke, nur die Schalung der Unterseite entfällt. Auch hier kommt noch eine Bewehrungslage auf die fertige Unterkonstruktion, die mit Ortbeton aufgefüllt wird. Diese Lösung kann kostengünstiger sein.

3.5.2 Mauerwerk/Wände

Ist die Kellergeschossdecke oder die Bodenplatte ausgehärtet, können die Wände gemauert werden. Beim Mauerwerk gibt es sehr unterschiedliche Materialien und Formate, die man in zwei Gruppen unterteilen kann: 1. gebrannte Mauersteine und 2. nicht gebrannte Mauersteine.

Die gebrannten Mauersteine, allgemein als Ziegel bekannt, sind durch den Brennvorgang besonders druckfest. Um die Wärmedämmfähigkeit dieser Steine zu erhöhen, werden meist Lochziegel verwendet.

Nicht gebrannte Mauersteine umfassen die Baustoffe Kalksandstein, Leichtbetonstein und Porenbetonstein. Kalksandsteine können auch mit Lochungen versehen werden, um wiederum die Wärmedämmung zu verbessern. Der Vorteil der Leichtbetonsteine und Porenbetonsteine besteht darin, dass sie in größeren Formaten produziert werden und so einen schnellen Baufortschritt ermöglichen. Heute werden viele dieser Steine nicht mehr in einem Mörtelbett verlegt, sondern verklebt. Lassen Sie sich durch Ihren Architekten oder Bauunternehmer über den für Ihr Gebäude am besten geeigneten Baustoff beraten.

Wände können unterschiedlich aufgebaut werden. Man unterscheidet generell tragende und nicht tragende Wände sowie Außen- und Innenwände.

Tragende Wände sind dicker ausgeführt und leiten die Lasten des Gebäudes weiter. Nicht tragende Wände sind dünner und dienen der Raumaufteilung innerhalb des Gebäudes. Die Außenwände sind meist tragend (mindestens 24 cm) und mit einer außenliegenden Dämmung versehen.

Außenwände können aus mehreren aufeinanderfolgenden Elementen bestehen. Man spricht hier von einem mehrschaligen Aufbau. Bei diesem System gibt es eine äußere, bekleidende und eine innere, tragende Schicht. Die äußere kann aus einem dünnen Mauerwerk oder auch aus Natursteinen, Verbundplatten oder Holzsystemen bestehen. Hinter dieser äußeren Schicht liegt die Wärmedämmung. Diese kann zusätzlich noch hinterlüftet werden, um anfallendes Kondenswasser abzuführen. Dazu sind im Boden- und im Traufbereich Lüftungsschlitze vorzusehen. Die äußere Schicht ist durch Anker an der inneren tragenden Schicht befestigt.

Holzbauwände

Die tragenden Außenwände von Holzhäusern haben in der Regel einen mehrschichtigen Aufbau. Sie bestehen aus einer tragenden Rahmen- oder Ständerkonstruktion, einer Dämmschicht und meistens noch einer beidseitigen Bekleidung.

Checkliste: Decken und Wände

Kontrolle der Decken- und Wandarbeiten	**überprüft**
Stahlbetondecken:	
Die Bewehrung hat eine ausreichende Überdeckung	☐
Die Durchbrüche für Leitungsführungen sind in der Schalung eingebaut	☐

Kontrolle der Decken- und Wandarbeiten	**überprüft**
Der Statiker hat die Decke vor der Betonierung abgenommen	☐
Die Betongüte auf dem Lieferschein des Betonherstellers ist überprüft	☐
Wände:	
Die Wände sind im Lot gemauert	☐
Die Wandstärken stimmen mit dem Plan überein	☐
Die Rohhöhen der Räume stimmen mit dem Plan überein	☐
Die Raumgrößen stimmen mit dem Plan überein	☐
Das Fabrikat der Steine stimmt mit der Ausschreibung überein	☐
Die Steine sind im Verbund mit den umgebenden Wänden gemauert	☐
Die Abmessungen von Schächten und Kaminen stimmen mit dem Plan überein	☐
Die Baustelle wurde sauber verlassen	☐

3.5.3 Treppen

Es gibt verschiedene Arten und Formen von Treppen. Die Bandbreite reicht von der zur Repräsentation genutzten, großzügigen Treppe bis hin zur Stiege in das Dach.

Der Platzbedarf im Grundriss ist abhängig von der Bequemlichkeit der Treppe. Für die Bequemlichkeit gibt es eine einfache mathematische Berechnung, die sogenannte Bequemlichkeitsformel: Auftrittsbreite (Stufentiefe) minus Steigungshöhe (Stufenhöhe) in Zentimeter gleich das Ergebnis, so z.B. 29 cm – 17 cm = 12 cm.

Treppen können im Bauwerk sowohl einzeln gefertigt oder als Fertigelemente (das ist in der Regel die günstigere Lösung) eingebaut werden – aus Beton, Holz oder Metall bzw. auch aus einem Verbund dieser Baustoffe.

Bei der Form von Treppenläufen gibt es „einläufige“ und „mehrläufige“ Treppen. Diese unterscheiden sich dadurch, dass die Treppe entweder gerade verläuft oder der Treppenlauf durch eine Richtungsänderung oder ein Zwischenpodest unterbrochen ist. Außerdem gibt es noch Wendeltreppen. Sie eignen sich nicht so gut für häufig genutzte Geschossanbindungen. Ihr Vorteil liegt im geringen Platzverbrauch.

Bei der Konstruktion einer Treppe ist darauf zu achten, dass sie von den restlichen umgebenden Bauteilen, wie den Decken, auf denen sie aufliegt, entkoppelt ist. Das heißt, dass der Schall bei Benutzung der Treppe nicht übertragen wird (Trittschall). Dies wird durch ein gedämmtes Auflager erreicht.

Checkliste: Treppen

Kontrolle der Treppenarbeiten	überprüft
Das Steigungsverhältnis ist angenehm zu gehen	☐
Der spätere Bodenaufbau ist in der Höhe für die Treppe berücksichtigt	☐
Die Treppe ist von den umgebenden Decken und den Wänden durch eine Trennlage (Dämmung) schallentkoppelt	☐

Kontrolle der Treppenarbeiten	überprüft
Das Geländer hat eine ausreichende Höhe und Kleinkinder können nicht durch die Stäbe fallen	☐
Die Baustelle wurde sauber verlassen	☐

3.5.4 Balkone

Für die Konstruktion von Balkonen gibt es verschiedene Möglichkeiten. Entweder ist die Balkonplatte fest mit der Geschossdecke verbunden oder der Balkon steht frei auf einer eigenen Stützkonstruktion vor dem Gebäude.

Es besteht auch die Möglichkeit einer Kombination. Dann liegt die Balkonplatte mit einer Seite auf einer Konsole an der Wand und mit ihrer anderen Seite auf einer oder mehreren freien Stützen.

Man spricht von einer Kragplatte, wenn sie frei aus dem Gebäude ohne Stützen herausragt (auskragt). Bei dieser Konstruktion ist darauf zu achten, dass der Übergang zwischen Balkonplatte und Deckenplatte thermisch entkoppelt ist, damit keine Wärmebrücke entstehen kann. Dies geschieht durch eine statisch wirksame Wärmedämmung. Dafür gibt es vorgefertigte Elemente. Die Bewehrung läuft bei dieser Technik durch. Stellt man den Balkon frei vor das Gebäude, so sind die Konstruktionsmöglichkeiten vielfältig. Die Stützen des Balkons benötigen ein eigenes Fundament mit ausreichend tiefer Gründung!

Checkliste: Balkone

Kontrolle der Balkonarbeiten	überprüft
Bei Betonkonstruktionen: Die Bewehrung ist durch den Statiker abgenommen und hat einen ausreichenden Abstand zur Schalung (Überdeckung)	☐

Kontrolle der Balkonarbeiten	**überprüft**
Die Betonplatte ist thermisch von der Geschossdecke entkoppelt (statisch wirksame Wärmedämmung)	☐
Der spätere Bodenaufbau ist in der Höhe für den Balkon berücksichtigt (Bodenniveau innen – außen)	☐
Außenliegende Stützen sind frostfrei gegründet	☐
Das Geländer hat eine ausreichende Höhe und Kleinkinder können nicht durch die Stäbe fallen	☐
Die Baustelle wurde sauber verlassen	☐

3.5.5 Fenster

Ist der Rohbau beendet und das Dach aufgerichtet, werden zuerst die Fenster und Türen eingebaut, damit das Haus witterungsgeschützt ist und der Innenausbau erfolgen kann. Dazu zählen vor allem die Installationen und die ungestörte Verlegung bzw. Trocknung des Estrichs.

Die Fenstermaße stehen zwar schon beim Rohbau fest, die Maurer arbeiten jedoch nicht immer so exakt, dass die Fenster nach den Rohbaumaßen bestellt werden könnten. Die Toleranz für Rohbaumaße liegt auch viel höher als die für die Fenster- bzw. Schreinerarbeiten. Deshalb muss der Fensterbauer nach Abschluss der Rohbauarbeiten die Maße vor Ort noch einmal aufnehmen und überprüfen. Nach diesen Maßen werden auch die Fenster bestellt und eingebaut.

Form, Funktionen und Material

Fenster sollten nicht nur nach der Belichtungsfunktion und ihren Öffnungsmöglichkeiten konstruiert und ausgewählt werden. Die Wirkung eines Fensters ist auch sehr stark gestaltgebend für das Gebäude. Verschiedene Formate und unterschiedliche Einteilungen der Fenster in horizontale und vertikale Glieder können ein Gesamtbild sehr verändern. Beispielsweise sollte im Altbau darauf geachtet werden, dass die Profile der Fenster nicht zu groß werden.

Es gibt zunächst ein- und mehrflügelige Fenster. Der Fensterbauer bezeichnet diese Flügel nach ihrer Öffnungsart:

Der Drehflügel ist die herkömmliche Öffnungsart eines Fensters, das entweder nach innen oder außen als ganzer Flügel öffnet. Der Drehflügel kann rechts oder links angeschlagen (befestigt) sein. Eine weitere Öffnungsart ist das Kippen eines Fensters, man nennt einen solchen Flügel dann Kippflügel. Die meisten Fenster haben heute beide Funktionen und werden Drehkippflügel genannt. Eine andere Variante ist das Schiebefenster mit einem seitlich verschiebbaren Flügel.

Fenster können in verschiedenen Materialien hergestellt werden. Holz-, Metall- oder Kunststoffrahmen stehen zur Auswahl. Ein weiterer wichtiger Punkt ist die Verglasung. Ein Fenster mit nur einer Glasscheibe nennt man einfachverglast. Es bietet jedoch keinen ausreichenden Kälte- und Wärmeschutz. Mehrscheiben-Verglasungen bzw. zwei Scheiben sind heutzutage üblich. Die Gläser sollten aus einem Isolierglas bestehen. Bei einer doppelten Isolierverglasung kann man den Zwischenraum zusätzlich mit einem Edelgas füllen lassen, um noch bessere Wärmedämmeigenschaften zu erreichen.

Einbau

Nachdem der Fensterbauer, meist ein Schreiner, die Fenster nach dem örtlichen Aufmaß in der Werkstatt gefertigt hat, müssen die Fensterelemente lotrecht in die Fensteröffnungen eingebracht werden. Mittels kleiner Holzkeile wird dieses erste Ausrichten vorgenommen. Nachdem es ausgerichtet ist, wird das Fenster fest mit der Fensteröffnung verschraubt. Hierbei ist darauf zu achten, dass das Fenster richtig sitzt und dass es innerhalb des Fensters nicht durch Verkantungen zu Spannungen kommt.

Die Fugen zwischen Fenster und Wand müssen nun noch mit Dämmmaterial ausgestopft oder mit einem abdichtenden Schaum ausgefüllt werden. Beim Einbau ist vor allem die Lage des Fensters in der Mauer wichtig. Die Dämmebene, zum Beispiel eine Außendämmung, sollte an das Fenster anschließen, um eine Wärmebrücke und somit Feuchtigkeitsschäden zu vermeiden. Auch auf die Dichtigkeit der Anschlüsse zwischen Fenster und Mauerwerk ist besonders zu achten.

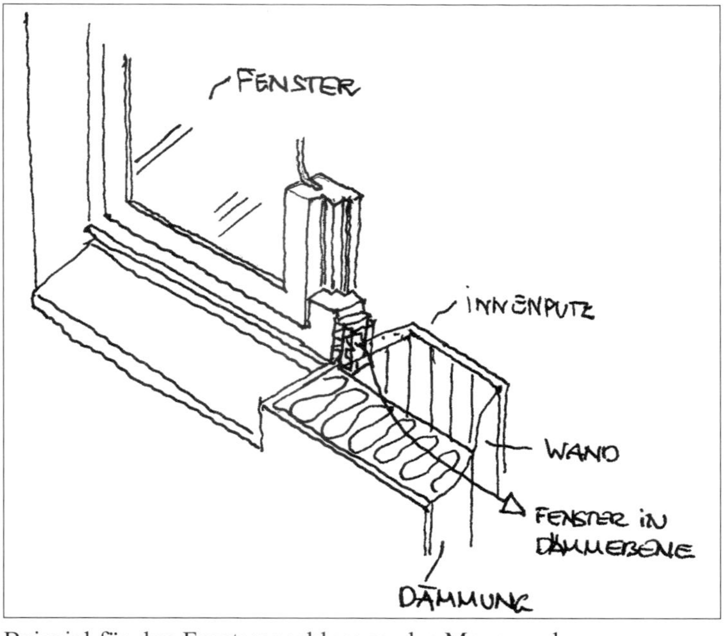

Beispiel für den Fensteranschluss an das Mauerwerk

Fenster sollten auf das Gesamtbauwerk hin abgestimmt sein und eine ausreichende Schall- und Wärmeisolierung aufweisen. Der U-Wert eines Fensters gibt über dessen Wärmedämmeigenschaften Auskunft. Auf ein qualifiziertes Gütesiegel sollte an jedem Fenster geachtet werden.

3.5.6 Roll- und Klappläden

Als Schutz vor Sonne, Einbruch oder als Sichtschutz ist an Fenstern ein geeignetes äußeres Element einzubauen. Es steht eine Vielzahl von Systemen zur Auswahl. Der Klassiker des letzten Jahrhunderts war der Klappladen, der zunehmend durch Rollladensysteme abgelöst wird. Was nicht heißt, dass ein Klapp- oder auch Schiebeladen nicht gleiche, im Hinblick auf die Optik vielleicht sogar bessere Eigenschaften bietet.

Rollläden werden in einem Arbeitsschritt, oder etwas später, mit den Fensterelementen eingebaut. Der eigentliche Rollladen ist ein aus einzelnen Elementen zusammengesetzter Laden, der in einem Kasten über dem Fenster aufgerollt wird. Wichtig ist, dass dieser Kasten nach außen hin gedämmt ist, da er sonst eine Wärmebrücke darstellt. Die Anschlüsse an das Mauerwerk und das Fenster müssen sorgfältig ausgeführt werden. Auch wenn die Rollladensysteme sich stark in ihrem Äußeren und ihrer Materialität unterscheiden, so ist ihre Funktionsweise immer die gleiche.

Klassisch ist der Gurtwickler mit Feder, mit dem der Rollladen bedient wird. Heute sind insbesondere elektrisch betriebene Systeme die Regel.

Wie beschrieben, ist der Rollladen jedoch nicht die einzige Möglichkeit, eine Fensteröffnung zu verdecken und zu schützen. Klappläden sind weniger reparaturanfällig, da sie nicht aufgewickelt werden müssen und sich nicht verkanten können. Natürlich wird das äußere Erscheinungsbild eines Hauses entscheidend durch die Systemwahl beeinflusst. Klappläden passen jedoch nicht zu jedem modernen Entwurf.

Der seitliche Schiebeladen erfreut sich wachsender Verbreitung im modernen Hausbau. Denn er kann als starkes geometrisches Gestaltungsmittel auch farblich abgesetzt und durch eine Führungsschiene betont werden. Ein weiterer Vorteil von Klapp- und Schiebeläden ist außerdem, dass sie nicht in die Gebäudehülle eingreifen und so den Wärmeschutz nicht beeinträchtigen. Sie stellen ein gesondertes Element dar.

Checkliste: Fenster- und Rollladenarbeiten

Kontrolle der Fenster- und Rollladenarbeiten	**überprüft**
Fensterarbeiten:	
Die Maße der Öffnungen sind im Rohbau noch einmal vom Schreiner aufgemessen worden	☐
Die Fenster wurden in der richtigen Farbe und Größe geliefert	☐
Der U-Wert der Fenster stimmt mit den Werten in der Ausschreibung überein	☐
Die Fenster wurden vor und nach dem Einbau nicht beschädigt	☐
Die Fenster sind durch eine Folie nach dem Einbau geschützt	☐
Die Fenster sind waagerecht eingebaut	☐
Die Fenster sind in der Wand verankert und abgedichtet	☐
Die Fenster lassen sich ohne Verklemmen in die gewünschten Positionen öffnen	☐
Die Baustelle wurde sauber verlassen	☐
Rollladenarbeiten:	
Der Rollladenkasten ist nach außen gedämmt	☐
Der Rollladen oder Klappladen öffnet und schließt sich in die gewünschten Positionen	☐

Kontrolle der Fenster- und Rollladenarbeiten	überprüft
Der Gurt ist gerade und verläuft parallel zur Wand	☐
Der Laden lässt sich im geschlossenen Zustand von außen nicht öffnen	☐
Die Baustelle wurde sauber verlassen	☐

3.5.7 Gerüstbau

Für die Rohbauerstellung, spätestens für das Anbringen des Außenputzes oder des Wärmedämmverbundsystems, ist ein Außengerüst nötig. Die Gerüstbauarbeiten können gesondert von den Rohbauarbeiten ausgeschrieben, vergeben und ausgeführt werden. Wichtig ist die terminliche Einbindung in den Bauprozess. Die Standzeiten der Gerüste lassen sich dadurch verkürzen und die Kosten entsprechend verringern.

Checkliste: Gerüstbau

Kontrolle des Gerüstes	überprüft
Das Gerüst steht standsicher und ist in der Wand verankert	☐
Eventuelle Fanggerüste sind angebracht	☐
Die Gerüstlagen lassen sich problemlos erreichen	☐
Das Gerüst wurde durch den Sicherheitskoordinator abgenommen	☐
Die Baustelle wurde sauber verlassen	☐

Besonders wichtig bei Gerüsten ist die Sicherheit, denn sie dienen nicht nur der Erreichbarkeit von Bauteilen, sondern auch zur Sicherung des Arbeitsplatzes. Der Bauleiter oder Sicherheitskoordinator sollte daher das Gerüst vor seiner Nutzung sorgfältig und im Hinblick auf die neuesten Verordnungen gründlich überprüfen. Im Dachbereich werden zum Beispiel ab einer gewissen Höhe Fanggerüste nötig, die ein Abstürzen der Arbeiter verhindern sollen.

3.5.8 Äußere Dämmung und Konstruktion der Außenwand

Neubauten werden meistens von außen wärmegedämmt. Ein klassischer Wandaufbau von innen nach außen sieht wie folgt aus: Innenputz, tragendes Mauerwerk, Wärmedämmung und Außenputz oder äußere Bekleidung. Als äußere Schicht können neben der klassischen Putzfassade viele weitere Baumaterialien verwendet werden. Die Bandbreite reicht von Bekleidungen mit Plattenbaustoffen oder Natursteinen bis zu gemauerten Ziegelfassaden oder Natursteinmauerwerk. Holzbekleidungen sind genauso möglich wie Metallverkleidungen.

Bekleidungen, z.B. Platten aus Kunststoffen oder Holzverbundstoffen oder auch keramische Platten, werden mit Hilfe einer Unterkonstruktion aus Schienen und Maueranker vorgeblendet. Zwischen äußerer Bekleidung und Dämmung gibt es eine Hinterlüftungsebene, in der die Luft zirkulieren und anfallende Feuchtigkeit abtransportieren kann. Die Bekleidung der Fassade mit Natursteinen funktioniert nach einem ähnlichen System. Auch hier sind die Natursteine an einer Unterkonstruktion befestigt und im Mauerwerk rückverankert. Die Fassade ist zwischen äußerer Bekleidung und Dämmung durch einen Abstand hinterlüftet.

Die Bekleidung eines Hauses mit Metallplatten erfolgt nach ähnlichen Gesichtspunkten. Bei allen Konstruktionen kommt es vor allem auf die Witterungsbeständigkeit an. Die Anschlusspunkte sollten daher immer auf ihre Feuchtigkeitsdichte (Regen) hin überprüft werden.

Bei einer weiteren heute üblichen Methode, dem Wärmedämmverbundsystem, wird die Fassade mit Dämmung bekleidet und dann dünn verputzt. Die großformatigen Dämmplatten werden auf die Fassade aufgeklebt und zusätzlich auch an den Stoßpunkten verankert. Die Hersteller bieten Dämmplatten aus unterschiedlichen Materialien an. Bei der Auswahl sollte man auf den Wärmedämmwert achten. Dieser richtet sich nach der gültigen Energieeinsparverordnung (EnEV). Allgemein gilt: Je kleiner die Dämmwertzahl, umso höher ist die Dämmwirkung des Materials.

Die Dämmplatten werden anschließend mit einer Gewebearmierung versehen und dünn verputzt. Dies ist ganz besonders im Bereich der Stöße, Fugen und Ecken wichtig, da es sonst zu Rissen kommen kann. Für das Wärmedämmverbundsystem gibt es entsprechende Zulassungsvorschriften, die durch die Konstruktion erfüllt werden müssen. Hierauf sollten Sie als Bauherr besonders achten und klare Auskunft einholen!

Der erdnahe Bereich wird an einem Gebäude gesondert behandelt. Meist handelt es sich um einen ca. 30 cm hohen umlaufenden Sockel. Hierfür gibt es besondere Dämmungen und Putze. Gefährdet ist dieser Bereich durch das Spritzwasser, das bei einem Niederschlag gegen die Fassade spritzt und sie so zusätzlich durchfeuchtet. Diesen Putz nennt man Sockelputz.

Eine Berechnung der Dämmeigenschaften des Gebäudes sollte durch den entsprechenden Fachingenieur oder Architekten vorgelegt werden. Diese Berechnung und Planung betrifft nicht nur die Außenwand, sondern die gesamte äußere Hülle eines Gebäudes wie z.B. die Dachflächen.

**Checkliste:
Äußere Dämmung**

Kontrolle der äußeren Dämmung	überprüft
Eine Berechnung der U-Werte der Fassade liegt vor	☐
Der Untergrund (die Mauer) ist sauber und trocken	☐
Das Material und die Stärke der Dämmplatten stimmen mit den Werten in der Ausschreibung überein	☐
Der U-Wert der Dämmplatten stimmt mit den Werten in der Ausschreibung überein	☐
Die Befestigungen (Mörtel, Kleber, Anker) entsprechen den Angaben des Herstellers	☐
Die Fenster sind an die Dämmung angeschlossen	☐
Die Dämmebene ist entsprechend der Detailplanung ausgeführt	☐
Die Türen sind an die Dämmung angeschlossen	☐
Bewegungsfugen im Mauerwerk sind in der Dämmung berücksichtigt und entsprechend der Detailplanung ausgeführt	☐
Der Sockel ist mit einem Sockelputz versehen	☐
Die Baustelle wurde sauber verlassen	☐

3.6 Dach

Das Dach eines Hauses muss ausreichend Schutz vor Wind, Regen und Schnee bieten. Viele Dachformen haben sich aus den Witterungsverhältnissen des jeweiligen Standortes heraus entwickelt. Zudem ist es ein wichtiges Gestaltungsmerkmal, das sowohl die äußere Erscheinung als auch die Innenraumgestaltung und die Nutzung eines Gebäudes bestimmt. Das Material des Daches ist ein weiteres wichtiges Kriterium und historisch gesehen eng mit der topographischen Region und Tradition verknüpft. Heute jedoch sind durch die Standardisierung des Wohnungsbaus durch Fertig- und Kataloghäuser diese regionalen Eigenarten verlorengegangen oder in Regionen transferiert, in denen sie keine historische Grundlage besitzen.

Ein Dach besteht aus dem Dachtragwerk, meist einer Holzkonstruktion, und einer Dachhaut mit der Dachdeckung. Das Dachtragwerk, das auch Dachstuhl genannt wird, errichtet der Zimmermann. Die Dachhaut aus Isolierung und Lattung sowie die Dachdeckung werden vom Dachdecker gebaut.

Die klassische Form eines Daches ist das Satteldach. Es besteht aus zwei schiefen Ebenen, die sich an ihrem höchsten Punkt treffen. Bei allen Dächern nennt man diesen Bereich den First. Den Bereich, der am weitesten davon entfernt ist, an dem sich häufig eine Regenrinne befindet, nennt man Traufe. Weitere Dachformen: Pultdach, Walmdach, Satteldach mit Krüppelwalm, Mansarddach oder Flachdach (siehe hierzu die Abbildung). Flachdächer sind in der Regel keine Zimmermannskonstruktionen, da sie aus Beton bestehen und ihre Abdichtung anders als bei einem Steildach erfolgt.

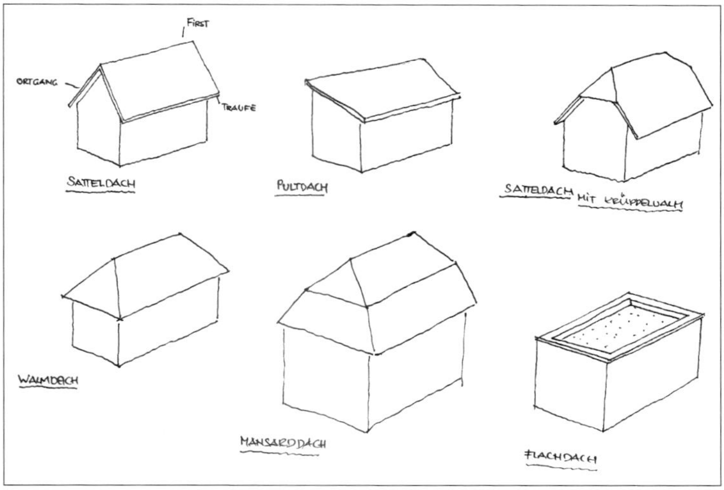

Die verschiedenen Dachformen

3.6.1 Zimmermannsarbeiten

Für das Dachtragwerk gibt es zwei klassische Konstruktionsmöglichkeiten: das Sparren- und das Pfettendach.

Beim Sparrendach stützen sich die tragenden Balken gegenseitig und bilden mit der Decke ein Kräftedreieck. Jedes Sparrenpaar kann dadurch die Auflasten der Dachhaut tragen. Um die Windlasten aus der Querrichtung aufnehmen zu können, müssen die Sparrenpaare miteinander verbunden oder ausgesteift werden. Dies kann durch sogenannte Windrispen (Metallbänder) oder aber durch eine ganzflächige Beplankung der Dachhaut mit Holzplatten erfolgen. Die Giebelflächen werden vermauert und mit Ankern an das Sparrendach angeschlossen, damit sie nicht wegkippen können.

Die andere Konstruktionsart ist das Pfettendach. Hier lagern die Sparren auf Pfettenbalken, welche die Dachlast tragen. Diese verlaufen unterhalb der Sparren im First- (Firstpfette) und Traufbereich (Fußpfette). Man bezeichnet das als einen „einfach stehenden Stuhl“. Je nach Dachgröße (Sparrenlänge > 4,50 m) muss eine zusätzliche Mittelpfette eingebaut werden. Die Fußpfetten liegen auf der Decke oder dem Kniestock auf. Dazwischen sollte eine Bitumenbahn eingebaut werden, um die Feuchtigkeit vom Holz fernzuhalten. Die Fußpfetten werden mit dem Untergrund fest verschraubt oder verankert.

Die Mittel- und Firstpfetten müssen auf Stützen gestellt werden. Alle Pfetten liegen im Giebelbereich auf. Die Queraussteifung eines Pfettendaches erfolgt über die Kopfbänder.

Die Sparrenabstände eines Dachstuhls sollten im Bereich von 70 – 100 cm liegen. Für beide Konstruktionen gilt, dass der Werkstoff Holz vor dem Einbau ausreichend trocken gelagert wurde. Geschieht dies nicht, kann sich das Holz nach dem Einbau stark verziehen und so zu Schäden führen. Die Holzfeuchte kann durch Lagerung bis auf 20% reduziert werden. Bauhölzer sollten bei Einbau aber nur eine geringere Holzfeuchte aufweisen, um eine spätere Schimmelbildung oder einen Insektenbefall zu vermeiden. Sie sollten daher durch eine technische Trocknung auf einen Feuchtgehalt von 14% gebracht worden sein.

Im Dachtragwerk kommen fast ausschließlich Konstruktionsvollhölzer aus Nadelhölzern wie Kiefer, Fichte, Tanne und Lärche zum Einsatz. Für diese Bauhölzer gibt es Normen, die das Holz in verschiedene Sortier- und Güteklassen einteilen. Die Güteklassen reichen von GK I-III, wobei für einen Dachstuhl die Sortierklasse S10 bzw. die Güteklasse GK II verwendet werden sollte.

Holz kann auch nach dem Einbau durch eine andauernde Feuchtigkeitsbelastung geschädigt werden. In der Regel ist es das Beste, die Hölzer konstruktiv zu schützen, das heißt sie so einzubauen, dass sie kein Regen oder keine aufsteigende Feuchtigkeit angreifen kann. Dies betrifft z.B. Pfetten, die aus der Giebelwand hinausragen und den Dachüberstand tragen. Ist dies nicht zu vermeiden, muss das Holz mit einem Holzschutzmittel behandelt werden. Keinen Holzschutz benötigen Innenbauteile die ständig trocken sind.

Hat der Zimmermann das Dachtragwerk aufgerichtet, wird in traditioneller Weise das Richtfest auf der Baustelle gefeiert. Der Zimmermann spricht dazu den Richtspruch. Auch alle anderen Handwerker und Baubeteiligten sollten zu diesem Fest eingeladen werden, das der Bauherr ausrichtet. Dies ist auch eine gute Gelegenheit, die neuen Nachbarn einzuladen, um sie an dem Bauprozess teilhaben zu lassen.

Checkliste: Zimmermannsarbeiten

Kontrolle der Zimmermannsarbeiten	überprüft
Das Bauholz für den Dachstuhl ist getrocknet mit Feuchtgehalt von ~14%	☐
Die Hölzer weisen keinen Schädlingsbefall auf (kleine Löcher mit Holzstaubspuren)	☐
Die Hölzer sind gegen Schädlingsbefall imprägniert	☐
Falls die Hölzer zwischengelagert werden, müssen sie abgedeckt sein (Regenfolie, auf Kanthölzern gelagert gegen Bodenfeuchte)	☐
Die Balkenquerschnitte stimmen mit dem Plan/der Ausschreibung überein	☐
Alle Verbindungen sind gerade und kraftschlüssig ausgeführt	☐
Alle verbindenden Metallteile sind gegen Korrosion geschützt (die Nägel sollten aus Edelstahl sein)	☐
Die Abstände zwischen den Sparren stimmen mit der Planung überein	☐
Nicht innenliegende Bauteile sind gegen Feuchtigkeit geschützt (Anstrich, ausreichender Dachüberstand, Ablauf)	☐
Die Baustelle wurde sauber verlassen	☐

3.6.2 Dachdecker- und Spenglerarbeiten

Ist der Dachstuhl fertig, wird er von den Dachdeckern mit einer Unterspannbahn abgedeckt, mit Latten versehen und eingedeckt. Diese äußere Hülle des Daches ist ein starkes Gestaltungsmittel. Daher sollte die Materialwahl sorgfältig überlegt werden. In den Bebauungsplänen einiger Gemeinden sind die Dachform oder die Richtung des Giebels vorgeschrieben.

Einige Materialien erfordern eine bestimmte Dachneigung. Die gängigsten Materialien sind: Ziegel, Betondachsteine, Schiefer sowie Platten aus Faserzement. Aber auch Metalldeckungen, Holzschindeln oder Strohdächer sind möglich.

Die Wahl sollte auch im Einklang mit der umgebenen Architektur und unter ortstypischen Gesichtspunkten getroffen werden. Nicht zuletzt ist alles eine Preisfrage, da unterschiedliche Deckungen auch stark unterschiedliche Preise und Haltbarkeit haben.

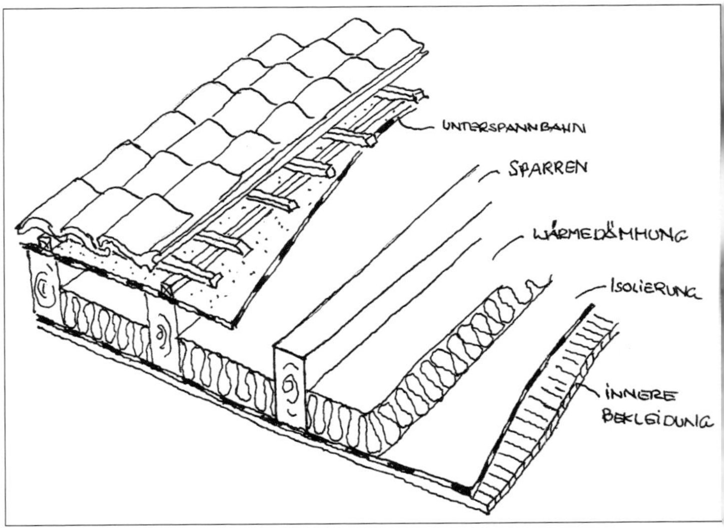

Beispiel für ein hinterlüftetes Dach

Ein gutes Preis-Leistungs-Verhältnis haben Ziegel und Betondachsteine. Schieferdächer sind immer etwas teurer, dafür auch sehr lange Zeit haltbar. Jedes Dach sollte in regelmäßigen Zeitabständen auf Materialverschleiß und Dichtigkeit überprüft werden. Besondere Schwachpunkte an Dächern sind Durchdringungen aller Art wie z.B. Schornsteine, Lüftungsleitungen oder Satellitenschüsseln. Auf sorgfältigen Einbau und einen dichten Übergang zur Dachfläche, z.B. mit einer Verblechung, ist besonders zu achten. Silikonabdichtungen sind weder eine gute noch eine dauerhafte Lösung.

Checkliste: Dachdecker- und Spenglerarbeiten

Kontrolle der Dachdecker- und Spenglerarbeiten	überprüft
Steildächer:	
Die Unterspannbahn ist ohne Risse angebracht	☐
Die Unterspannbahn entwässert in die Dachrinne	☐
Am Ortgang wurden entsprechende Ortgangziegel eingebaut und gegen Herunterfallen gesichert (Metallanker oder Mörtel)	☐
Am First wurden entsprechende Firstziegel eingebaut und gegen Herunterfallen gesichert (Metallanker oder Mörtel)	☐
Dachdurchdringungen sind mit Hilfe von Blechen sauber an die Dachdeckung angearbeitet	☐
Die Ziegel und Öffnungen sollten nicht mit Silikon abgedichtet werden	☐

Kontrolle der Dachdecker- und Spenglerarbeiten	überprüft
Im Traufbereich ist der offene Zwischenraum, der für die Hinterlüftung vorgesehen ist, mit einem Insektenschutzgitter versehen	☐
Die zum Dachausbau nötige Dämmung entspricht in Material und Format der Ausschreibung	☐
Die zum Dachausbau nötige innere Abdichtung entspricht in Material und Format der Ausschreibung	☐
Die Anschlüsse der zum Dachausbau nötigen inneren Abdichtung sind untereinander und zu den anschließenden Bauteilen sauber und wasserdampfdicht ausgeführt	☐
Sie verfügen über eine ausreichende Anzahl an Ersatzziegeln für künftige Reparaturmaßnahmen	☐
Die Baustelle wurde sauber verlassen	☐
Flachdächer:	
Die gelieferten Materialien stimmen mit denen in der Ausschreibung überein	☐
Die Dampfsperre ist auf die Decke aufgebracht und an den Rändern nach oben geführt	☐
Die Dampfsperre ist an Durchdringungen (Bodenabläufe) angearbeitet und an den Rändern nach oben geführt	☐

Kontrolle der Dachdecker- und Spenglerarbeiten	**überprüft**
Die Dämmung bildet ein Gefälle zu den Abläufen hin (Gefälle min. 2%)	☐
Die Dichtungsbahnen überdecken einander an den Stößen und sind miteinander verschweißt	☐
Die Dichtungsbahnen schließen an die Attika an und sind durch einen Winkel abgeschlossen	☐
Die Dichtungsbahnen sind an Durchdringungen (Bodenabläufe) angearbeitet und an den Rändern nach oben geführt	☐
Die Attika hat eine ausreichende Höhe über der Oberkante der Dachdichtung, um anstehendes Wasser zu halten (15 – 20 cm)	☐
Die Attika ist durch eine Blechabdeckung geschützt	☐
Das Flachdach wurde nach den Bauplänen erstellt	☐
Die Baustelle wurde sauber verlassen	☐

3.6.3 Verschiedene Dachbaumaterialien

Dächer aus Ziegeln

Dachziegel bestehen aus gebranntem Ton. Sie können bei Dachneigungen von 20 bis 40° verwendet werden, je nach Art und Deckung. Die meisten Ziegel haben eine Rillung und Falze. Man unterscheidet Falzziegel, Krempziegel, Biberschwanzziegel, Stehfalzziegel und Hohlpfannen. Sie alle ergeben ein unterschiedliches Dachbild. Der Dachdecker kann geeignete Muster vorlegen. Die Ziegel werden in die Lattung eingehängt. Die

Lattung und ihre Abstände untereinander richten sich nach dem Ziegelformat. Für den First und den Ortgang sowie zu Lüftungszwecken gibt es Sonderziegel. Firste und Grate müssen vermörtelt eingebaut werden oder mit Klammern befestigt sein.

Dächer aus Betondachsteinen

Betondachsteine ähneln äußerlich Ziegeln, sind aber aus Beton. Sie können verschieden eingefärbt werden und ihre Oberflächen können unterschiedlich gestaltet sein (glatt, rau usw.). Bei Betondachsteinen gibt es je nach Fabrikat und Format unterschiedliche Lattenabstände. Auch in ihrer Art und Weise des Verlegens sind Betondachsteine Ziegeln sehr ähnlich.

Dächer mit Schieferdeckung

Schieferplatten gibt es in verschiedenen Formaten und Größen. Der Schiefer wird auf eine Holzschalung genagelt. Die Schalung sollte beim Verlegen der Deckung trocken sein, damit sie sich später nicht verziehen und so zu Schäden am Dach führen kann. Bekannte Deckungsarten sind z.B. die Altdeutsche Deckung oder Deckung mit Fischschuppenschablonen. Ihr Dachdecker zeigt Ihnen Musterflächen, an denen Sie sich orientieren können.

Dächer mit Faserzementplatten

Faserzementplatten sind eine sehr günstige Variante, ein Dach zu decken. Durch ihre großen Formate sind sie schnell verlegt. Sie bestehen aus Kunststoff- oder Mineralfasern, die mit Zement vermischt und in Form gepresst werden. Bekanntes Erscheinungsbild ist ihre gewellte Form. Die Plattenstöße werden verschraubt. Auf eine ausreichende Überdeckung der einzelnen Platten ist zu achten.

Dächer mit Metalleindeckung

Für eine Metalleindeckung eignen sich Kupfer und Zink, aber auch Aluminium oder Stahlbleche. Die Stähle müssen entweder sehr hochwertig oder verzinkt sein. Kupfer bekommt mit der Zeit eine meist grüne Patina (Oxydationsschicht) und ist sehr lange haltbar. Aluminium bildet zwar auch eine Schutzschicht, ist aber gegen Umweltgifte (sauren Regen) anfällig und sollte möglichst gestrichen werden. Zink bildet eine Schutzschicht, die nur schwer angreifbar ist.

Metalldächer werden aus Bahnen erstellt und benötigen wie Schiefer eine vollflächige Schalung als Unterkonstruktion. An den Stößen werden die Platten mit einem sogenannten Stehfalz ausgeführt. Dabei werden die beiden Bleche miteinander umgebogen. Metalldeckungen eignen sich besonders für flache Dachneigungen und sollten hinterlüftet werden.

Das Flachdach

Flachdächer werden häufig für Garagen oder Anbauten verwendet. Aber auch das Wohnhaus lässt sich gut mit einem Flachdach abschließen. Das Flachdach wird von einer gemauerten oder betonierten Brüstung umgeben. Sie wird auch als Attika bezeichnet und umschließt das Dach auf allen Seiten. Die Mauerkrone der Attika wird meist mit einem Blech verkleidet, um die Wand vor Regen zu schützen. Der Dachaufbau erfolgt nun innerhalb der von der Attika eingegrenzten letzten Geschossdecke. Die wasserabweisende Schicht besteht beim Flachdach nicht aus Ziegeln oder einer festen Dachbekleidung, sondern einer Dachabdichtung aus Folien und Bahnen. Für den konstruktiven Aufbau gibt es verschiedene Möglichkeiten.

Hier ein Beispiel für eine einschalige, nicht hinterlüftete Konstruktion: Auf die Decke wird zunächst eine Dampfsperre aufgebracht. Sie verhindert, dass Feuchtigkeit von innen nach außen durch die Decke in die Dämmung wandert, da in der kalten Jahreszeit die warme Innenluft in der Dämmung abkühlt und sich Kondenswasser bildet. Die auf der Dampfsperre liegende Dämmung bildet ein Gefälle, so dass die darüberliegende Dachabdichtung das Wasser zu entsprechend ausreichend dimensionierten Ablaufstellen führen kann.

Dieses Gefälle innerhalb des Daches sollte mindestens 5% betragen. Als obere Schicht liegt eine Kiesschüttung oder Ähnliches zum Schutz der Konstruktion auf. Eine

Begrünung des Daches ist möglich. Besonderes Augenmerk bei der Bauausführung sollte auf den Anschlusspunkten und den Dachdurchführungen, wie z.B. bei Entwässerungsleitungen, Schornsteinen oder Fenster- und Lichtelementen, liegen. Diese Punkte sind eine häufige Ursache für Einregen-Stellen und die nachfolgenden Schäden.

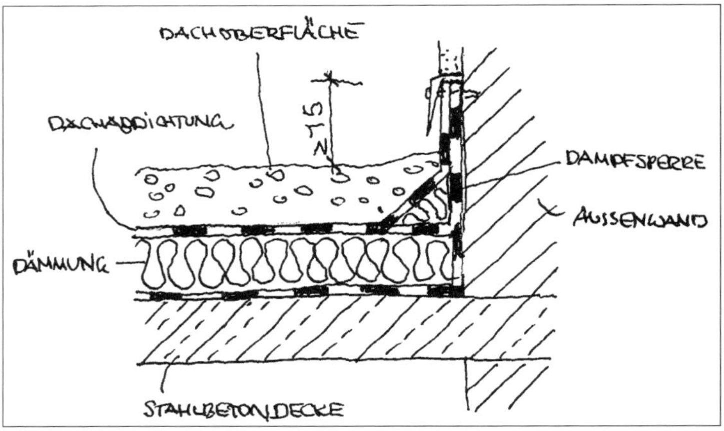

Flachdachanschluss an Decke und Attika

Das ausgebaute Dachgeschoss

Als zusätzlicher Wohnraumgewinn wird gerne das Dachgeschoss ausgebaut. Entscheidend dabei sind der richtige Dachaufbau mit Wärmedämmung und die Dichtigkeit einer solchen Konstruktion. Eine gute handwerkliche Arbeit und eine abschließende Kontrolle der Arbeiten sind hier besonders wichtig. Die allgemeinen Anforderungen regeln die Vorschriften der Energieeinsparverordnung (EnEV) und des Wärmeschutzes in der jeweils gültigen Fassung.

Die Schichtenabfolge des Daches kann unterschiedlich aufgebaut werden. Es gibt hinterlüftete Dächer und solche, die es nicht sind. Bei hinterlüfteten Dächern liegt zwischen der Dämmebene und der Unterspannbahn eine Luftschicht, darüber liegt die Dacheindeckung. Die Luft kann in diesem Zwischenraum zirkulieren, wenn die entsprechenden Punkte an der Traufe, der Öffnung zwischen den Sparren und an dem First durch Lüfterziegel ausgebildet sind. Die Öffnungen müssen im Traufbereich mit Insektenschutzgittern abgedeckt werden. Wenn durch undichte Stellen einmal Feuchtigkeit von innen oder von außen in die Dämmung eindringt, kann sie bei dieser Konstruktion durch die Luftzirkulation wieder abtransportiert werden. Nicht hinterlüftete Dächer sind daher besonders sorgsam zu behandeln, insbesondere auf die Dampfdurchlässigkeit gegenüber dem Innenraum.

Der Aufbau sollte generell von innen nach außen wie folgt aussehen: Nach der inneren Bekleidung mit Gipskartonplatten oder Holzplatten folgt die Dampfsperre, die ein Durchfeuchten der Dämmung verhindern muss. Diese Folie ist besonders an ihren Anschlusspunkten anfällig. Eine sorgfältige Verschweißung und Verklebung dieser Punkte ist besonders wichtig und sie muss kontrolliert werden. Dahinter liegt die Dämmebene. Die Dämmmaterialien reichen von Mineral- und Steinwolle bis hin zu den Kunststoffen, z.B. der Polysterol-Hartschaumplatte. Die Wärmeleitfähigkeit und die Materialdicke sind Kriterien für die Wahl eines Dämmstoffes. Aber natürlich auch seine Umweltverträglichkeit und Unbedenklichkeit gegenüber Allergien. Informieren Sie sich daher bei dem Hersteller über die Unbedenklichkeit des Produktes.

Über der Dämmebene liegt eine Unterspannbahn, die eindringendes Regenwasser abhalten soll. Darüber, auf Konterlattung und Lattung liegend, die Dachdeckung.

3.7 Ausbau

3.7.1 Estricharbeiten

Auf die Rohdecke wird der Estrich aufgetragen, der letzte Unebenheiten der Decke ausgleicht und die Grundlage für den Bodenbelag darstellt.

Es gibt verschiedene Estricharten. Sie unterscheiden sich in Aufbau und Material. Ein sogenannter Verbundestrich wird direkt auf die Rohdecke gegossen. Dies ist eine Konstruktion für untergeordnete Räume wie z.B. Garagen. Der Estrich auf Trennlage verbindet sich nicht mit dem Untergrund, sondern ist durch eine wasserundurchlässige Schicht von der Geschossdecke getrennt. Dies ermöglicht, dass der Estrich geringfügige Bewegungen (Spannungen) aufnehmen kann und vor aufsteigender Feuchtigkeit geschützt ist. Im Kellerbereich ist diese Konstruktion sinnvoll.

Ein Estrich, der auf einer Dämmschicht aufgebracht wird, auch Schwimmender Estrich genannt, hat keine Verbindung zum Untergrund und zu den Wänden. Er wird z.B. in Wohnräumen verwendet, um eine Schallübertragung an angrenzende Räume möglichst gering zu halten. Diese Dämmung nennt man deshalb auch Trittschalldämmung. Auch für den Wärmeschutz ist dieser Bodenaufbau sinnvoll, z.B. über der Kellerdecke. Beim Einbau des Estrichs ist darauf zu achten, dass die Wände im unteren Bereich bereits verputzt sind, damit der Boden wirklich wirksam von der Wand getrennt ist und keine Schallübertragung stattfinden kann.

Neben diesen verschiedenen Verlegearten werden Estriche aber auch nach ihrer Zusammensetzung unterschieden. Der häufigste und gängigste ist der *Zementestrich*. Er ist kostengünstig und robust. Sein Nachteil liegt in einer längeren Trocknungszeit, da der Wassergehalt beim Einbringen sehr hoch ist. Ein Zementestrich kann nach drei Tagen begangen und nach sieben Tagen belastet werden. Unter ungünstigen Temperaturverhältnissen ist auch mit längeren Trocknungszeiten zu rechnen.

Bei allen Estricharten müssen die Böden vor Feuchtigkeit, z.B. durch eindringenden Regen, geschützt werden. Die Fenster sollten bereits eingebaut sein, andernfalls müssen die Fensteröffnungen durch eine Folie verdeckt werden.

Ein weiterer Estrich ist der *Anhydritestrich*. Er hat gegenüber dem Zementestrich den Vorteil, dass er schneller trocknet und nicht so schnell Spannungsrisse bildet. Daher ist er auch für größere Flächen besser geeignet. Er ist etwas teurer als der Zementestrich, kann aber schon nach zwei Tagen begangen und nach fünf Tagen stärker belastet werden. Sein Nachteil liegt in der Wasserempfindlichkeit, deshalb sollte er in Nass- oder Kellerräumen nicht verwendet werden.

Als drittes ist der *Gussasphaltestrich* zu nennen. Bei diesem Estrich kommen Bitumen als Bindemittel hinzu. Er wird bei 250°C heiß eingebaut und benötigt kein Wasser zum Abbinden. Daher ist bei einem schwimmenden Estrich darauf zu achten, dass keine hitzeempfindlichen Dämmungen eingebaut werden. Der Gussasphaltestrich kann sofort nach dem Auskühlen belastet werden, also etwa nach zwei bis drei Stunden.

Ein Estrich, der ebenfalls ohne Trocknungszeiten auskommt, ist – wie der Name schon sagt – der *Trockenestrich*. Einzelne Platten werden wie Fliesen auf der Decke verlegt. Bei Unebenheiten kann eine vorher aufgebrachte Ausgleichsschicht nötig sein. Die Platten werden mit einem Spezialkleber miteinander und auf dem Untergrund verklebt.

Bei der Planung des Bodenaufbaus ist zu beachten, dass die unterschiedlichen Aufbauhöhen und Stärken zunächst des Estrichs, anschließend auch des fertigen Bodenbelags, ausreichend berücksichtigt werden: Parkett hat z.B. eine höhere Aufbaustärke als ein Laminat- oder ein Fliesenboden, deshalb ist eine vorherige Planung nötig, damit nachher die verschiedenen Räume keine unterschiedlichen Fußbodenhöhen haben und ärgerliche Stolperkanten vermieden werden.

Checkliste: Estricharbeiten

Kontrolle der Estricharbeiten	überprüft
Bei schwimmenden Konstruktionen muss vorher die Dämmung verlegt worden sein	☐

Kontrolle der Estricharbeiten	**überprüft**
Bei schwimmenden Konstruktionen muss vorher ein Randdämmstreifen verlegt worden sein (er verhindert die Schallübertragung an die Wände)	☐
Die Dämmung ist durch eine Folie vom Estrich getrennt	☐
Die Aufbauhöhe und Raumhöhe stimmen mit dem Plan überein	☐
Die Oberfläche ist glatt, sauber und eben abgezogen und der Estrich hat kein Gefälle (liegt nicht schief)	☐
In Räumen mit Bodenablauf hat der Estrich ein Gefälle zum Ablauf hin	☐
Bewegungsfugen in Wänden und Decken sind auch an der gleichen Stelle im Estrich zu erstellen	☐
Der Estrich wurde nach dem Einbringen nicht begangen und war nicht extremer Kälte durch Lüften oder Hitze durch Sonneneinstrahlung ausgesetzt	☐
Der Estrich ist ausreichend ausgehärtet und kann begangen werden	☐
Die Baustelle wurde sauber verlassen	☐

3.7.2 Putzarbeiten

Ein Putz ist ein Mörtel, der eine Wand bekleidet und schützt. Er wird in einem oder mehreren Arbeitsgängen aufgetragen und kann durch zusätzliche Armierungsgewebe verstärkt werden. Die Kanten werden durch sogenannte Putzschienen ausgebildet. Die Oberflächen lassen sich auf verschiedene Weise gestalten. Vom glatten bis zum strukturierten Putz oder zu einem groben Kellenwurf ist vieles möglich. Grundlage ist ein trockener, nicht saugender Untergrund. Der Putz sollte auf den Wandaufbau abgestimmt sein, um mit ihm eine physikalische Einheit zu bilden und spätere Schäden durch Feuchtigkeit zu verhindern. Der Architekt muss hierfür den gesamten Wandaufbau entsprechend berechnen.

Putzarbeiten lassen sich grundsätzlich in zwei Bereiche aufteilen: den Außen- und den Innenputz. Der Hauptunterschied ist ihre unterschiedliche Zusammensetzung. Dies wiederum richtet sich nach den unterschiedlichen klimatischen Bedingungen und eventuellen mechanischen Belastungen.

Der Außenputz ist einer der letzten Arbeitsgänge im Bauablauf. Er ist meist ein Kalk-, Kunstharz- oder Zementputz. Diese Bindemittel geben dem Putz seine Festigkeit, die er braucht, um gegenüber der Witterung Bestand zu haben.

Der Innenputz wird nach den Installationsarbeiten, der Elektro- und Wasserversorgung und vor den Estricharbeiten aufgetragen. Der Innenputz besteht meist aus gips- oder kalkgebundenen Elementen, die Feuchtigkeit gut aufnehmen und wieder gut abgeben können. So wird ein angenehmeres Raumklima erzeugt. Für feuchtigkeitsbelastete Räume wie Bäder und Küchen sollte jedoch kein Gipsputz, sondern Kalk- oder Zementputz verwendet werden.

Vor dem Verputzen müssen alle vorhergehenden Gewerke abgeschlossen und abgenommen sein: Rohbau (Maurerarbeiten), die Installationsarbeiten von Sanitär-, Heizungs- und Elektroanlagen sowie die Fensterarbeiten. Alle Elemente, die mit der Putzoberfläche in Kontakt kommen könnten, müssen vor den Putzarbeiten entsprechend abgedeckt und geschützt werden. Diese Arbeit macht ebenfalls der Verputzer. Der Untergrund, auf dem der Putz aufgetragen werden soll, muss trocken und sauber sein. Einige Oberflächen müssen noch mit einem Voranstrich versehen werden, damit der Putz darauf haftet. Hierbei handelt es sich um stark saugende Untergründe. Danach setzt der Putzer seine Eckschienen und überdeckt rissgefährdete Bereiche mit einem Armierungsgewebe. Danach wird der Putz, heute meist maschinell, auf die Oberfläche gespritzt und anschließend glattgezogen. Putzarbeiten gehen immer von oben (Decke) nach unten (Wände).

Checkliste: Putzarbeiten

Kontrolle der Putzarbeiten	überprüft
Der Untergrund (Wand) ist sauber und trocken	☐
Betonwände sind von Schalungsölen befreit und gereinigt	☐
Die Elektroarbeiten sind abgeschlossen (alle Kabel liegen in Schlitzen und die Leitungen sind nicht beschädigt)	☐
Elektrodosen sind mit Plastikkappen oder Ähnlichem abgedeckt (gegen das Verfüllen durch die Putzarbeiten)	☐
Fenster und Türen sind durch Folien gegen Verschmutzungen durch Putzarbeiten geschützt	☐
Die verwendeten Putze entsprechen der Ausschreibung	☐
Die Kanten sind mit Eckschutzschienen versehen	☐
Die Oberflächen sind glatt und eben abgezogen	☐
Die Baustelle wurde sauber verlassen	☐

3.7.3 Trockenbauarbeiten

Trockenbauwände sind allgemein auch als Gipskartonständerwände bekannt. Sie sind nicht tragend und das bedeutet, dass sie keine Lasten der Decke aufnehmen können. Sie dienen nur der Unterteilung der Räume. Konstruktiv bestehen die Trockenbauwände aus einem Metall- oder auch Holzständergerüst, welches mit den Gipskartonplatten verkleidet wird. Je nach Anforderung, wie dem Schallschutz, gibt es unterschiedliche Stärken der Platten. Die Platten können auch doppelt aufeinander angebracht werden (Doppelbeplankung).

Gipskartonplatten gibt es auch noch als Brandschutz- oder Feuchtraumplatten. Man verwendet sie für vorgeschriebene Brandwände bzw. für Bäder und Küchen. Die Bereiche zwischen den Stoß an Stoß liegenden Platten werden verspachtelt. An den Ecken werden zusätzlich noch sogenannte Eckprofile eingespachtelt, um eine schöne gerade Kante zu erhalten.

Die Metallständer können auch als Doppelständerwand ausgeführt werden, z.B. für einen besseren Schallschutz, da die doppelten Ständer sich nicht berühren und so die Schallübertragung verringert wird. Zwischen den Ständern werden die Trockenbauwände mit einer Dämmung ausgefüllt.

Der Vorteil der Gipskartonwände gegenüber Mauerwerk liegt vor allem in der kurzen Zeit, in der sie aufgestellt werden können. Dadurch sind sie auch kostengünstiger. Sollen größere Lasten an der Wand hängen, gibt es dafür spezielle Unterkonstruktionen und Verstärkungen, die diese Lasten aufnehmen können, so z.B. im Bereich von Waschbecken und Hängeschränken.

Checkliste: Trockenbauarbeiten

Kontrolle der Trockenbauarbeiten	überprüft
Die verwendeten Bauplatten entsprechen denen in der Ausschreibung	☐

Kontrolle der Trockenbauarbeiten	überprüft
Die Unterkonstruktion ist in entsprechenden Bereichen zusätzlich verstärkt (Waschbecken, WC)	☐
Entsprechende Sonderbauplatten für Feuchte- oder Brandbereiche wurden verwendet	☐
Bei doppelten Beplankungen sind die Platten versetzt verschraubt	☐
Die Ecken und Stöße sind verspachtelt und geschliffen	☐
Die Dämmung wurde vor dem Schließen eingebaut	☐
Alle Leitungen wurden vor dem Schließen eingebaut	☐
Die Baustelle wurde sauber verlassen	☐

3.7.4 Elektroarbeiten

Die Elektroarbeiten können von einem Fachingenieur geplant und überwacht werden (siehe Seite 12).

Der Planer erhält einen Plansatz der Ausführungsplanung. In dem Werkplan (Maßstab 1:50) werden der Hausanschluss mit dem Sicherungskasten, die weitere Kabelführung sowie deren Dimensionierung und die Leistung eingetragen. Auch die Lage und Anzahl der Steckdosen müssen in dem Werkplan festgelegt werden. Geben Sie dem Elektroplaner genaue Angaben über Ihre Wünsche und Vorstellungen. Denn der Ärger ist groß, wenn beim Einzug festgestellt wird, dass man zu wenige Steckdosen vorgesehen hat oder dass einige an den falschen Stellen sitzen.

Die Beleuchtung der Räume muss ebenfalls geplant werden. Mit der sogenannten Lux-Zahl wird die Lichtintensität gemessen. Räume sollten auf ihre Nutzung hin ein stimmiges Lichtkonzept bekommen. Dabei sollten auch die verschiedenen Möglichkeiten der Beleuchtungsrichtung, wie direktes und indirektes Licht, einbezogen werden.

Der Strom wird in der Regel von den Versorgungsunternehmen bis an die Grundstücksgrenze verlegt. Den weiteren Anschluss muss der Bauherr meist selbst finanzieren. Dies betrifft auch den Gas- und Wasseranschluss. Diese Anschlüsse werden zunächst in einem allgemeinen Hausanschlussraum geführt. Von hier aus erfolgt die weitere Verteilung auf die Stockwerke und dann in die jeweiligen Räume. In den Wänden sollte die Kabelführung so verlaufen, dass sie durch spätere Eingriffe in die Wand, wie zum Beispiel Dübeln oder Nageleinschlag, nicht beschädigt werden kann. Kabel werden immer horizontal und vertikal verlegt, so dass z.B. ein Schalter bzw. ein Verteiler nur von oben oder unten bzw. waagerecht angeschlossen sein kann. Diagonal verlaufende Kabelführungen sollten nicht vorkommen. Hierzu schreibt die DIN entsprechende Installationsrichtlinien vor, die genau angeben, in welchen Bereichen Kabel verlegt werden dürfen und in welchen nicht.

Die Elektroarbeiten werden meistens nicht an einem Stück ausgeführt, sondern gliedern sich sinnvollerweise in einzelne Abschnitte: Zunächst wird der Hausanschluss gelegt. Bevor dann die weiterführenden Kabel verlegt werden können, müssen entsprechende Schlitze in die Wände gesägt oder ausgestemmt werden. Dies macht natürlich Dreck und daher ist die Elektrovorinstallation zeitlich direkt nach der Fertigstellung der Gebäudehülle (Rohbau- und Fensterarbeiten) vorzunehmen. Gleichzeitig können die Heizungs- und Sanitärvorinstallationen laufen. Die einzelnen Stromkreise in den Stockwerken müssen durch Sicherungen abgesichert werden (Sicherungskästen). Die dafür vorzusehenden Wandaussparungen müssen ebenfalls vorhanden sein.

Nach der Kabelverlegung verschließt der Putzer die Schlitze wieder und die Steckdosen und Schalter können gesetzt werden. Zuletzt folgen noch die Malerarbeiten und es werden die Verkleidungen der Steckdosen und Schalter montiert.

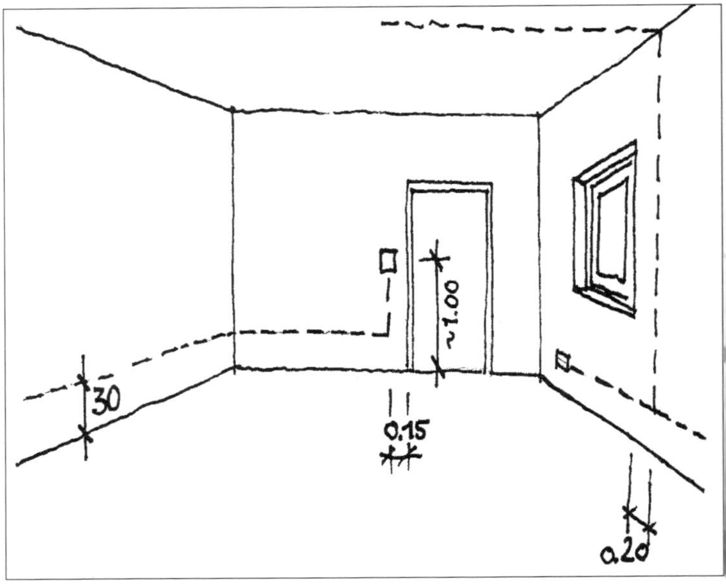

Abstände für die Elektroverlegung

Checkliste: Elektroarbeiten

Kontrolle der Elektroarbeiten	überprüft
Der Hausanschluss ist gelegt	☐
Die Schlitze sind ausreichend tief ausgeführt und die Kabel überragen die Mauerkante nicht	☐
Die Leitungen sind gerade geführt und nicht unnötig verknotet	☐
Die verwendeten Kabel entsprechen denen in der Ausschreibung	☐

Kontrolle der Elektroarbeiten	**überprüft**
Die Kabelführung entspricht den Verlegerichtlinien und ist nur waagerecht und horizontal geführt	☐
Im Sicherungskasten sind alle Sicherungen mit ihrer Funktion bezeichnet	☐
Die Anzahl und Lage der Installationen stimmen mit den im Plan und in der Ausschreibung beschriebenen überein	☐
Die eingebauten Fabrikate stimmen mit der Ausschreibung überein	☐
Offene Kabelenden sind mit Lüsterklemmen versehen	☐
Die Steckdosen- und Schalterhöhen sind einheitlich und entsprechen den Maßen im Plan	☐
Alle Steckdosen führen nach der Inbetriebnahme Strom	☐
Die Baustelle wurde sauber verlassen	☐

3.7.5 Sanitärarbeiten

Zu den Sanitärarbeiten gehören die gesamte Wasserversorgung und Abwasserentsorgung des Hauses. Die notwendigen Grundleitungen der Entwässerung müssen bereits beim Erstellen der Bodenplatte ausgeführt werden. Der Wasseranschluss wird von dem zuständigen Versorgungsträger gestellt. Die weitere Verteilung erfolgt durch den Handwerker.

Grundlegend ist die Entscheidung über die Warmwasseraufbereitung. Sie kann auf verschiedene Weise getroffen werden. Eine Möglichkeit ist ein zentraler Brenner mit einer Warmwasserspeicherung. Das warme Wasser wird in diesem Fall im Heizungsraum in einem Tank bevorratet. Das Heizungssystem des Hauses kann auch die Warmwasserbereitung leisten. Dafür werden vom Heizungsraum aus die Warmwasserleitungen zu jeder Verbrauchsstelle geführt.

Die zweite Möglichkeit setzt direkt an der Verbrauchsstelle an und wird mit Warmwasser-Durchlauferhitzern gewährleistet. Bei dieser Variante braucht man nur eine Wasserleitung zu verlegen, da das Warmwasser an den Verbrauchsstellen direkt aufbereitet wird. Ein Fachplaner sollte frühzeitig in die Planungen mit einbezogen werden und ein auf das Haus flexibel abgestimmtes System erarbeiten.

In einigen Gemeinden hat sich bereits eine getrennte Abwasserentsorgung durchgesetzt. In diesem Fall benötigt man zwei Grundleitungen, die das Schmutzwasser aus dem Haus abführen. Einmal für das Regenwasser, das über die Fallrohre anfällt, zum anderen für die Abwässer der Toiletten, Waschbecken und Duschen.

Ziel der Planung ist es, möglichst wenige Fallleitungen vorzusehen, da viele Durchdringungen in den Decken und Wänden zu aufwendig sind. Die Qualität und die Materialität der Rohre ist für die Schallübertragung und die Haltbarkeit sehr wichtig. Nach der Installation der Leitungen müssen diese gedämmt werden. Eine wichtige Maßnahme, um die Schallübertragung von den Rohren auf die Wände auszuschließen.

Wasser- und Elektroleitungen müssen voneinander getrennt verlegt werden. Die Schächte werden anschließend vermauert oder mit Gipskarton bekleidet. Zum Schluss werden die eigentlichen Sanitärobjekte, wie WC-Sitze und Waschbecken, montiert. Das Angebot an Teilen bzw. Systemen hierfür ist äußerst vielgestaltig und unterschiedlich. Auch die Armaturen sollten zu den Objekten passen. Bei der Wahl ist besonders auf eine gute Verarbeitung und Funktionalität zu achten.

Checkliste: Sanitärarbeiten

Kontrolle der Sanitärarbeiten	überprüft
Der Hausanschluss ist gelegt	☐
Die Rohrführung ist im Decken- und Wandbereich (Durchdringung) gegen Schallübertragung gedämmt	☐
Die Rohrführungen sind im Decken- und Wandbereich (Durchdringung) auf den Brandschutz hin überprüft	☐
Die verwendeten Leitungen entsprechen denen in der Ausschreibung	☐
Die Leitungsführung ist gedämmt (Warmwasser)	☐
Die Entwässerungsleitungen sind entlüftet (Dachauslass)	☐
Die Entwässerungsleitungen sind auf ihre Dichtigkeit hin überprüft	☐
Badewannen und Duschen sind geerdet	☐
Die Sanitärobjekte entsprechen der Ausschreibung und den Plänen	☐
Die Armaturen wurden richtig angeschlossen (warm/kalt)	☐
Die Sanitärobjekte wurden in den richtigen Höhen eingebaut (mit Bezug auf die endgültige Bodenhöhe)	☐
Die Baustelle wurde sauber verlassen	☐

3.7.6 Heizungsanlage

Der Bauplan sollte die im Bauwerk zu nutzende(n) Energiequelle(n) und die damit verbundenen baulichen Anforderungen bzw. Lösungen ausweisen. Das bzw. die Heizungssysteme werden also bereits festgelegt, bevor die Arbeiten auf der Baustelle beginnen. Die klassischen Systeme sind nach wie vor die Öl- oder Gasheizungen. Weitere Möglichkeiten sind Elektroheizungen und die Pelletheizung sowie die Nutzung von alternativen Energien wie z.B. Erdwärme oder Sonnenenergie. Der Entscheidungsspielraum wird durch das örtliche Angebot begrenzt, da z.B. nicht jede Siedlung über eine Gasversorgung verfügt.

Durch die neue Energieeinsparverordnung (EnEV) müssen Neubauten optimal gedämmt sein. Fragen Sie Ihren Architekt, ob seine Planung diesen Standards gerecht wird oder ob man das System noch weiter optimieren kann. Durch gute Dämmung gibt es nur noch geringe Wärmeverluste und die Heizungsanlagen müssen nicht mehr so groß dimensioniert werden wie früher.

Grundsätzlich gibt es zwei unterschiedliche Möglichkeiten ein Gebäude zu beheizen: Durch eine Zentralheizung oder durch Einzelheizungssysteme für verschiedene Räume oder Raumgruppen.

Bei einer *Zentralheizung* versorgt eine Heizungsanlage das gesamte Gebäude. Sie besteht aus einer Brenneranlage, die durch die entsprechenden Rohstoffe beheizt wird und einer Kesselanlage, in der das Wasser erhitzt und bevorratet werden kann. Von hier aus wird es durch ein entsprechend dimensioniertes Rohrsystem zu den einzelnen Heizflächen, wie Radiatoren oder Fußbodenheizungen, geleitet.

Die heutigen Anlagen arbeiten meist mit einer Brennwerttechnik. Die Brennwerttechnik nutzt zusätzlich die entstehende Kondensationswärme des Wasserdampfes und spart so an Heizenergie.

Einzelheizungen erwärmen nur ihre nähere Umgebung. Die klassischen Einzelheizungen sind der offene Kamin, der Kachelofen oder auch eine Elektroheizung. Einzelheizungen können eine zusätzliche Wärmequelle für hochgedämmte Gebäude sein, deren zusätzlicher Wärmebedarf nicht besonders groß ist.

Elektroheizungen sind in der Regel nicht wirtschaftlich, da die Energiekosten für Strom meist höher sind als für andere Energieträger. Der Vorteil ist jedoch, dass man keine Leitungsführung benötigt. Dies wiegt die Nachteile allerdings nicht auf.

Die *Pelletheizung* heizt mit einem Brenner, der Holzreste (Pellets) verbrennt. Die Pellets bestehen aus gepressten Holzabfällen, die als Nebenprodukt der Holzindustrie anfallen. Diese Art von Heizung hat den Vorteil, dass der natürliche Rohstoff nachwächst und somit eine Alternative zu den bisherigen fossilen Brennstoffen wie Gas und Öl ist. Die Pellets werden in einem Tank bevorratet und dem Brenner automatisch zugeführt.

Bei der Nutzung von Umweltwärme kommt eine sogenannte *Wärmepumpe* zum Einsatz. Eine Wärmepumpe ist ein Gerät, welches die Umweltwärme aus Luft, Grundwasser oder Erde nutzt. Welche Quelle am geeignetsten ist, ist stark ortsabhängig. Zusätzlich benötigt die Wärmepumpe jedoch Strom, um die ankommende Wärme auf höhere Temperatur zu bringen. Idealerweise kombiniert man dies mit einer Solaranlage zur Stromgewinnung. Wärmepumpen können nicht nur im Winter heizen, sondern im Sommer auch kühlen.

Die Heizungsarbeiten sollten nach der Fertigstellung des Rohbaus erfolgen. Am besten dann, wenn Fenster und Türen bereits eingebaut sind.

Bei der Abnahme der Rohbauarbeiten ist der Bezirks-Schornsteinfegermeister hinzuzuziehen, um die Kamine zu kontrollieren. Der Schornsteinfeger ist dann auch für die Schlussabnahme der Heizungsarbeiten bzw. der Heizungsanlage zuständig.

Checkliste: Heizungsanlage

Kontrolle der Heizungsanlage	überprüft
Der Heizraum verfügt über eine entsprechende Entlüftung	☐
Die Rohrführung ist im Decken- und Wandbereich (Durchdringung) gegen Schallübertragung gedämmt	☐
Die Rohrführungen sind im Decken- und Wandbereich (Durchdringung) auf Brandschutz hin überprüft	☐
Die Heizungsleitungen sind auf ihre Dichtigkeit hin überprüft	☐
Die Heizungsleitungen sind ausreichend gedämmt	☐
Die Heizungsleitungen entsprechen der Ausschreibung und den Plänen	☐
Die Heizkörper entsprechen der Ausschreibung und den Plänen	☐
Die Heizkörper wurden in den richtigen Höhen und im richtigen Abstand zur Wand eingebaut (Bezug auf die Roh- oder Fertigmaße)	☐
Der Bezirks-Schornsteinfegermeister war bei der Abnahme anwesend	☐
Die Heizkörper und Ventile funktionieren	☐
Die Heizschlangen der Fußbodenheizung wurden begangen, es wurden keine Beschädigungen festgestellt	☐
Die Baustelle wurde sauber verlassen	☐

3.7.7 Bodenbelagsarbeiten

Wenn der Estrich ausgehärtet ist, kann mit dem Bodenbelag begonnen werden. Die Wahl der Materialien richtet sich auch nach der Nutzung der Räume. Sie können wählen zwischen Bodenbelägen aus Natursteinen oder künstlich hergestellten Steinen wie Betonplatten, Holzböden aus Parkett oder aus künstlichen Laminatböden. Klassische Bodenbeläge wie textile Teppiche oder keramische Fliesen und elastische Bahnenbeläge wie PVC-Böden stellen nur eine kleine Auswahl dar, die hier beschrieben wird.

Allgemein sollten die Beläge eine gute Qualität aufweisen, da sie so weniger durch Abrieb verschleißen. Auch die Behaglichkeit, wie die Oberflächentemperatur und die Schallübertragung, spielt bei dieser Auswahl eine Rolle. Der Fußbodenbelag ist schließlich auch ein entscheidendes Kriterium für die Gestaltung der Räume. Das Material sollte gut zu der Möblierung und farblichen Gestaltung der Räume passen.

Naturstein

Natursteinbeläge mit einer Plattendicke von über 15 mm werden in einem Dickbettmörtel (15-20 mm) verlegt. Je dünner die Platte ist, desto geringer wird auch der Mörtelauftrag. Die Dicke richtet sich nach der Beanspruchung des Bodens. Natursteinbeläge sind kalt und so sollte überlegt werden, ob in diesen Bereichen eine Fußbodenheizung möglich ist. Ist der Mörtel ausgetrocknet, werden die Platten verfugt und die Übergänge zur Wand mit einer elastischen Fugenmasse ausgefüllt.

Die Materialauswahl reicht von Granit und Marmor bis zu Kalkstein, wie z.B. Solnhofener Platten. Alle zeichnen sich durch ihre hohe Abriebfestigkeit aus.

Die Formatwahl ist nicht an Normen gebunden und so gibt es viele Möglichkeiten, die Platten zu verlegen. Die Bandbreite reicht vom Pflasterstein bis hin zu großformatigen Platten. Hierzu sollte man vorher einen Verlegeplan erstellen, um den Verlauf der Fugen und den Platzbedarf genau zu planen.

Holz

Holzfußbodenbeläge erfreuen sich schon seit Jahrhunderten großer Beliebtheit. Ein Holzboden kann ein einfacher Dielenboden oder ein Parkettbelag sein. Auch Holzpflaster lässt sich gut verwenden.

Dielenboden

Im sanierten Altbau wird der Dielenboden gerne wieder nutzbar gemacht, wenn er nach Jahrzehnten unter neueren Belägen wieder zum Vorschein kommt. Er wird abgeschliffen, um eine glatte und ebene Oberfläche zu erhalten. Eventuelle Fehlstellen müssen ausgebessert werden. Der Bodenbelag wird anschließend wieder versiegelt. Natürlich kann man auch in einem Neubau einen Dielenboden verlegen, und zwar sowohl auf einer Holzbalkendecke als auch auf einer Stahlbeton- oder Massivdecke. Dielenböden bestehen aus langen Brettern, die aus einem möglichst harten Holz gefertigt sein sollten. Je geringer die Einzelfläche einer Diele ist, umso weniger wird sie sich verziehen. Der Dielenboden wird auf einer hölzernen Unterkonstruktion aufgebracht. Die Holzbohlen sollten auf einem Dämmstreifen gelagert und durch eine Folie gegen Feuchtigkeit geschützt sein.

Parkett

Bei den *Parkettböden* unterscheidet man zwei Arten: das traditionelle, vor Ort verlegte Parkett, das aus einzelnen Hölzern zusammengebaut wird und das kostengünstigere Fertigparkett. Es wird durch Nut und Feder ineinander gesteckt und verleimt. Die Oberfläche ist bereits fertig versiegelt und muss nicht wie das traditionelle Parkett nachträglich noch geschliffen und versiegelt werden.

Bei der Parkettverlegung ist auf den Feuchtegehalt des Materials zu achten, da das Holz nach der Verlegung noch „arbeitet“: Es dehnt sich aus und zieht sich wieder zusammen. Je geringer der Feuchtegehalt des verwendeten Holzes ist, umso weniger stark wird es arbeiten. Bei der Verlegung ist deshalb auf einen ausreichenden Randabstand zu achten, damit das Holz einen Bewegungspuffer zur Wand hat. Dieser wird durch eine umlaufende Holzsockelleiste verdeckt. Die Verlegung sollte schwimmend, d.h. auf einer Dämmschicht erfolgen, um den Trittschall nicht auf die darunterliegende Decke zu übertragen.

Parkettböden gibt es in verschiedenen Mustern oder Verlegearten. Bei der Verklebung des Parketts ist unbedingt auf die Zusammensetzung bzw. Gefährdung durch den Kleber zu achten (schädliche Dämpfe).

Holzpflaster

Im Industriebau findet wegen seiner hohen Belastbarkeit auch *Holzpflaster* seine Anwendung. Im Wohnungsbau sollte es aber wegen der Schallübertragung auf einem schwimmenden Estrich verlegt werden, da es direkt auf den Untergrund geklebt oder auf einer Bitumenbahn in einem heißen Kleber verlegt wird. Ein Holzpflaster besteht aus einzelnen Holzklötzen, die zu einer Fläche zusammengesetzt werden und unterschiedliche Abmessungen haben können.

Holzböden, mit Ausnahme des Fertigparketts, werden nach ihrer Verlegung entweder versiegelt, geölt oder gewachst. Eine Versiegelung ist einmalig. Das Wachsen und Ölen muss in regelmäßigen Abständen wiederholt werden.

Laminatboden

Häufigen Einsatz findet *Laminatboden,* der in seiner Oberfläche einen Parkett- oder Dielenboden imitiert. Der Boden besteht aus mehreren in Kunstharz getränkten Papieren. Diese werden unter großer Hitze meist in drei Schichten zu einem Paneel zusammengepresst.

Für den Wohn- und Bürobereich lassen sich Laminatböden sehr gut verwenden. Wegen ihrer Empfindlichkeit gegenüber Feuchtigkeit sind sie in Nassräumen nicht zu verwenden. Auch zu nasses Wischen kann zu Schäden führen. Diese äußern sich durch ein „Aufschüsseln“ und Verziehen des Belags.

Laminatböden werden nach ihrer Abriebbeanspruchung eingeteilt. Böden mit einer Kennzahl von 2000-6000 sind für den Wohnbereich geeignet, Büroräume weisen eine höhere Beanspruchung auf, daher liegt der Wert hier im Bereich von 6000-15000.

Laminatböden werden schwimmend auf einer Dämmunterlage verlegt, und zwar so, dass sie einen ausreichenden Abstand zu den Wänden (ca. 5-8 mm) aufweisen, damit der Belag „arbeiten“ kann. Eine Sockelleiste schließt die Ränder sauber ab. Die einzelnen Platten sind mit Nut und Feder ineinander gesteckt. Es gibt auch sogenanntes „Klicklaminat“, das nicht verleimt werden muss. Generell ist aber eine vollflächige Verleimung zu empfehlen.

Fliesen

Beläge aus keramischen *Fliesen* sind besonders für den Nass- und Küchenbereich geeignet. Aber auch sonst lässt sich diese Art von Bodenbelag problemlos überall einsetzen. Von Vorteil sind die Wasserbeständigkeit, Abriebfestigkeit und einfache Reinigung. Fliesen kann man in allen erdenklichen Mustern und Farben erhalten. Die Fliesen werden in einem dünnen, mit einer Kammkelle ausgezogenen Mörtel auf dem Estrich verlegt. Damit die Fugen ein gleichförmiges Bild abgeben, werden sie mit Abstandhaltern versehen, um danach mit einem Fugenmörtel verfüllt zu werden. Zwischen dem Verlegen der Fliese und dem Ausfugen sollte genügend Zeit zum Austrocknen verstrichen sein. An Außenecken werden Eckschienen aus Kunststoff oder Metall eingeputzt. Die Innenecken und Übergänge zwischen Wand und Boden verfugt man dauerelastisch.

Bodenfliesen werden stärker beansprucht und sie haben deshalb eine höhere Abriebfestigkeit. Im Familienbad ist dieser Unterschied nicht so wichtig, bei dauerhaft stark beanspruchten Räumen aber zu beachten.

Eine gute Planung berücksichtigt auch das Fugennetz. Mit der Wahl eines bestimmten Rasters können in der Planungsphase verschiedene Möglichkeiten ausprobiert werden. Durch das maßliche Aufnehmen von Raumkanten und Einrichtungsgegenständen, wie Waschbecken und Badewanne, kann man diese in ein abgerundetes Erscheinungsbild einfügen.

Teppichboden

Einer der klassischen Beläge ist nach wie vor der *Teppichboden,* denn er bietet ein angenehmes Fußgefühl und dämmt den Schall. Er wird in allen erdenklichen Mustern und Farben angeboten. Doch Teppich ist nicht gleich Teppich. Sie sollten nicht nur auf die Verarbeitungsqualität und den meist damit verbundenen Preis achten. Auch die Gesundheitsgefährdung durch Schadstoffbelastung der Materialien sollte man prüfen. Dies lässt sich durch ein Gütesiegel oder durch Nachfragen beim Hersteller (Internet usw.) feststellen. Ein preislich günstiger Boden ist oftmals auch in seiner Qualität schlechter und nutzt sich schneller ab.

Einen Teppichboden kann man nach folgenden Kriterien beurteilen: Aus welchem Material ist die oberste Nutzschicht (zur Auswahl stehen Natur- und Chemiefasern – dies ist vor allem für Allergiker wichtig)? Wie sieht es mit der Strapazierfähigkeit aus? Wie sind sein elektrostatisches Verhalten und seine Dämmwirkung? Ist er leicht brennbar?

Verlegt werden Teppichböden in Bahnen. Diese können vollflächig verklebt oder nur mit einem Gewebeband fixiert werden. Ein preisgünstiger Teppich, der nach einiger Zeit ersetzt werden soll, muss sich leicht lösen lassen. Sockelleisten runden das Erscheinungsbild des Bodens ab. Sie können aus Holz oder Kunststoff sein. Es gibt auch die Möglichkeit, einen Teppichbodenstreifen als Wandabschluss zu verwenden. Dabei ist es ratsam, sich die Herstellerangaben aufzubewahren, um eventuell nachkaufen zu können.

PVC-/Linoleumbeläge

Beläge aus elastischen Bahnen sind auch bekannt als *PVC- oder Linoleumbodenbeläge.* Sie sind wegen ihres günstigen Preises und ihres schnellen Einbaus weit verbreitet und beliebt. Mit Rücksicht auf die Umwelt ist das Linoleum, da es fast ausschließlich aus natürlichen Rohstoffen besteht, dem PVC vorzuziehen. PVC-Böden bestehen ausschließlich aus Kunstoffen (Polyvinylchlorid, Weichmacher und Füllstoffe). Auch sie können wiederverwendet werden. Die Bahnen beider Stoffe werden wie ein Teppichboden verlegt. Sie werden vollflächig auf den Untergrund aufgeklebt und die Ränder werden mit Leisten abgeschlossen. Besonders die Stöße sind sauber zu schneiden, damit die Bahnen gut anschließen.

Checkliste: Bodenbelagsarbeiten

Kontrolle der Bodenbelagsarbeiten	überprüft
Der Untergrund ist sauber und trocken	☐
Die gelieferten Bodenbeläge entsprechen der Ausschreibung	☐
Der Teppichboden ist nicht gesundheitsgefährdend	☐
Der Teppichboden ist vollflächig geklebt	☐
Der Holzboden ist durch Dämmschicht vom Untergrund getrennt	☐
Der Holzboden hat einen ausreichenden Abstand zur Wand	☐
Der Fugenplan der Fliesen ist vorhanden	☐
Die Abriebklasse der Fliesen wurde überprüft	☐
Die Handwerker haben ihren Müll beseitigt	☐

3.7.8 Maler- und Tapezierarbeiten

Zu den letzten Schritten gehören die Maler- und Tapezierarbeiten. Die Malerarbeiten lassen sich in den äußeren Fassadenbereich und den Innenbereich abgrenzen, da hier jeweils unterschiedliche Farbzusammensetzungen verwendet werden. Meistens wird für den Außenanstrich auch ein Gerüst aufzustellen sein.

Tapeten

Innenräume können, um Kosten zu sparen, in Eigenarbeit vom Bauherrn selbst gestrichen werden. Grundsätzlich ist es nicht nötig, in den Innenräumen eine Tapete anzubringen. Auf einer sauber geputzten und geschliffenen Oberfläche kann man einen Anstrich auch ohne vorheriges Tapezieren aufbringen.

Soll die Wand tapeziert werden, muss der Untergrund sauber und staubfrei sein. Bei manchen Putzuntergründen kann es nötig sein, die Oberfläche vorzubehandeln. Dies ist z.B. bei den Gipskartonwänden nötig, damit der Untergrund nicht saugend wirkt und so den Kleister aus der Tapete zieht.

Tapeten werden meistens in Bahnen verklebt. Bei den schwereren, wie z.B. den Raufasertapeten, müssen die Wände vorgeleimt werden und nach dem Tapezieren müssen die Tapeten ausreichend trocknen. Erst danach können sie angestrichen werden.

Anstriche

Beim Anstrich sollte man zunächst darauf achten, welchen Beanspruchungen die Oberfläche ausgesetzt ist. So gibt es zum Beispiel Farben, die scheuerbeständig sind für den Fall, dass es zu starken Verschmutzungen kommt, wie z.B. durch Kinder. Auch für den Küchenbereich kann man Farben verwenden, die Küchenfette abweisen und sich leicht reinigen lassen.

Besonders wichtig ist es, die Inhaltsstoffe einer Farbbeschichtung zu kennen, um so gesundheitsschädliche Auswirkungen, besonders Allergien, zu vermeiden. Informationen sollten aufbewahrt werden.

Bei einer sehr farbigen Innenraumgestaltung sollte man den Farbeindruck der Gesamtfläche zunächst einmal an einem kleinen Bereich testen. Jeder Untergrund gibt einen anderen Farbeindruck wieder. Auch sieht eine Farbe im getrockneten Zustand meist anders aus als sie auf dem Farbeimer aufgedruckt ist.

Der Außenanstrich erfolgt auf dem Außenputz. Es ist auch kostengünstiger, wenn das Gerüst möglichst kurze Standzeiten hat. So empfiehlt es sich, nach den Außenputzarbeiten gleich den Außenanstrich folgen zu lassen. Außenwandfarben unterscheiden sich in ihrer Beanspruchung sehr von Innenfarben, da sie Witterung und Temperaturschwankungen ausgesetzt sind. Die Farben unterscheiden sich in ihrer Zusammensetzung und Verträglichkeit miteinander.

Historische Anstriche, wie Leim- und Kalkfarben, sind durch Dispersionsfarben abgelöst worden. Was jedoch nicht heißt, dass diese Farben nicht mehr benutzt werden können.

Bei der Farbgestaltung des Hauses sollte man sich bewusst machen, wie tiefgreifend die äußere Erscheinung des Gebäudes durch sie beeinflusst wird. Vorherige Probeanstriche sind daher unbedingt empfehlenswert. Auch sollte man auf die Wirkungen im Umfeld achten.

Checkliste: Maler- und Tapezierarbeiten

Kontrolle der Maler- und Tapezierarbeiten	**überprüft**
Die gelieferten Farben entsprechen denen in der Ausschreibung	☐
Die gelieferten Tapeten entsprechen denen in der Ausschreibung	☐
Die Fenster und Türen sind durch Folien gegen Verschmutzungen durch Malerarbeiten geschützt	☐
Der Untergrund (die Wand) ist sauber und trocken	☐
Saugende Untergründe (z.B. Gipskarton) sind mit einem Tiefengrundanstrich versehen	☐
Bei schweren Tapeten ist die Wand vorgeleimt	☐
Die Tapeten sind ausgetrocknet	☐
Die Farbmusterflächen wurden angelegt	☐
Die Farbe wurde deckend und ohne Streifen gestrichen (Streiflicht, Tageslicht, künstliches Licht)	☐

Kontrolle der Maler- und Tapezierarbeiten	**überprüft**
Angrenzende Bauteile (Fenster) wurden sauber abgeklebt und weisen keine Farbspuren auf	☐
Die Handwerker haben ihren Müll beseitigt	☐

3.7.9 Schreinerarbeiten/Türen

Der Schreiner fertigt die unterschiedlichsten Bauteile eines Gebäudes. In diesem Kapitel soll auf die Türen eingegangen werden. Die Fenster, hölzernen Bodenbeläge und Treppen sind in gesonderten Kapiteln erläutert.

Eine Tür besteht aus mehreren Materialien und nicht nur aus Holz. Vor allem die Außentüren sind meist aus anderen, z.B. Verbundmaterialien, hergestellt. Daher ist es sinnvoll, bei Türen nach Außen- und Innentüren zu unterteilen. Zu beachten sind weitreichende Anforderungen an Türen, besonders der Brandschutz. Brandtüren trennen brandgefährdete Bereiche, wie Heizungsräume, technische Betriebsräume oder Garagen, voneinander ab. Man spricht von T30-, T60- oder T90-Türen, wobei die Zahl nach T die Minuten angibt, die eine Tür einem Feuer widerstehen muss.

Zu den Bauteilen einer Tür gehört das *Türblatt,* welches beweglich am Türrahmen oder der Zarge befestigt ist. Der Türrahmen kann unterschiedlich ausgebildet sein. Bei der Blendrahmentür läuft auf einer Seite der Wandöffnung der Türrahmen um, während die andere Seite verputzt ist. Die Tür sitzt auf der Seite des Rahmens.

Eine andere Variation ist die *Blockrahmentür,* bei der Tür und Rahmen in die Wand eingestellt sind und der Putz von beiden Seiten an den Rahmen stößt. Die Tür sitzt dadurch in der Mitte der Wand. Dann gibt es noch die mauerstarke Zarge, in der die Tür auf der einen oder anderen Seite anschließt. Der Putz schließt auf beiden Seiten gleich an die Holzzarge an. Man nennt das eine *Zargenrahmentür*. Ein Futterrahmen mit Bekleidung ähnelt der Zargenrahmentür, nur dass die Seiten als einzelne Bauteile auf die Wand aufgesetzt werden.

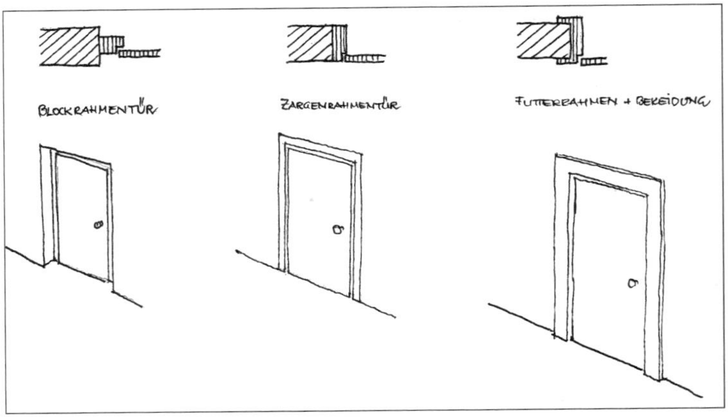

Anschlussmöglichkeiten für Türen

Das Türblatt und der Rahmen können vom Architekten speziell entworfen oder aber auch als Standardtüren gekauft werden. Letzteres ist günstiger, aber nicht individuell, da die Türgestaltung mit der Raumgestaltung abgestimmt sein sollte.

Außentüren sind vor allem der Witterung ausgesetzt und meist gegen Einbruch gesichert. Weitere Kriterien sind der Schall- und Wärmeschutz der Außentür.

Außen- bzw. Eingangstüren können auch durch einen Metallbauer hergestellt werden. Die Eingangstür gehört zur äußeren Gestaltung des Hauses und sollte zu den umgebenden Bauteilen, wie z.B. zu Klingelanlage und Vordach, passen. Besonders wichtig ist der Wärmeschutz. Eine Tür muss wie ein Fenster in das Wärmeschutzkonzept des Hauses passen und darf keine Wärmebrücken erzeugen. Sie sollten an die Wärmedämmung anschließen bzw. mit ihr eine Ebene bilden, damit die Warm-Kaltgrenze in der Hülle des Gebäudes durchläuft. Die Fugendichtigkeit der Tür spielt hierbei auch eine Rolle.

Es sollte besonders darauf geachtet werden, dass eine Tür gut schließt und die Dichtungen umlaufend anschließen.

Innentüren unterliegen keinen besonderen Wärmeschutzanforderungen, jedoch müssen auch sie gut schließen können und abgedichtet sein. Bei den Innentüren ist der Schallschutz zu beachten. Neben den seitlichen Anschlüssen der Tür an die Wand ist auch die Türkonstruktion wichtig. Das Türblatt kann verschieden aufgebaut sein. Ein mehrschichtiger Aufbau ist schalldämmender als eine einschalige Tür. Auch die Masse der Holzteile trägt zum Schallschutz bei.

Checkliste: Schreinerarbeiten/Türen

Kontrolle der Schreinerarbeiten	überprüft
Der Schreiner hat vor dem Beginn der Arbeiten die Maße vor Ort überprüft	☐
Die eingebauten Materialien entsprechen denen in der Ausschreibung	☐
Beim Transport wurden die Türen oder Bauteile im Haus nicht beschädigt	☐
Die eingebauten Türen entsprechen den Schalldämmwerten in der Ausschreibung	☐
Die eingebauten Türen entsprechen denen im Plan in Anschlagsart und Öffnungsrichtung	☐
Die Türen sind waagerecht eingebaut	☐
Die eingebauten Türen sind leichtgängig, schleifen nicht am Boden und fallen nicht selbstständig ins Schloss	☐
Türen zu fensterlosen Feuchträumen haben einen Lüftungsschlitz	☐
Die Handwerker haben ihren Müll beseitigt	☐

4. Die Bauabnahme

4.1 Teilabnahme/Abnahme

Förmliche Abnahme

Sind die Arbeiten abgeschlossen oder ist eine zur separaten Abnahme vereinbarte Teilleistung erbracht worden, erfolgt diese Abnahme durch den Bauherrn, um zu ersehen, ob der Auftragnehmer die Arbeiten mängelfrei ausgeführt hat. Hierbei ist zu empfehlen, eine „förmliche Abnahme“ vorzunehmen. Sie sollte vor Ort zusammen mit dem Architekt und dem Auftragnehmer stattfinden. Dazu ist es ratsam, alle Unterlagen wie den Werkvertrag und die Ausschreibungsunterlagen sowie alle ergänzenden Verabredungen griffbereit verfügbar zu haben. Mit der Abnahme erkennt der Bauherr die von der betreffenden Firma ausgeführten Arbeiten als ordnungsgemäß an. Wurden die Arbeiten nicht so ausgeführt wie vereinbart, kann die Firma aufgefordert werden, die Mängel zu beseitigen.

Zu jeder Abnahme sollte ein Protokoll geführt werden, das alle Anwesenden unterschreiben. Hier wird festgelegt, welche Arbeiten ordnungsgemäß ausgeführt wurden, ob noch Mängel bestehen oder die Arbeiten nicht abgenommen werden können. Entsprechende Nachfristen zur Mängelbeseitigung sind gegebenenfalls festzulegen. Ebenfalls ist zu entscheiden, ob Vertragsstrafen infolge von Fristüberschreitung oder die Einbehaltung noch offener Beträge bis zur endgültigen Vertragserfüllung nötig sind. Falls bei dem Ortstermin eine Einigung noch nicht zustande kommt, ist es ratsam, die Abnahme nicht zu vollziehen und einen neuen Termin zur Abnahme zu vereinbaren, gegebenenfalls zusammen mit einem Anwalt. Für die Abnahme gibt es entsprechende Vordrucke. Eine nützliche Checkliste enthält das in der selben „Bau-Rat“-Reihe erschienene Buch „Fehlerfrei zum eigenen Haus“ von U. Morchutt (ISBN 978-3-89367-115-1). Siehe auch Hinweis am Schluss dieses Buches.

Der Bauherr sollte die Abnahme im Beisein eines Zeugen vornehmen, Notizen und möglichst auch beweiskräftige Fotos machen und Kommentare speichern.

Sicherheitsleistung

Sicherheitsleistungen für den Bauherrn bedeuten, dass der Auftragnehmer für Mängel seiner Arbeit dem Auftraggeber eine gewisse Summe zur Sicherheit hinterlegt. Dies geschieht meistens durch eine Bankbürgschaft des Auftragnehmers. Die Höhe wird im Vertrag festgehalten, sie bezieht sich immer auf die Auftragssumme. Allgemeine Regeln hierzu stehen in der VOB/ Teil B § 17.

Abschlagsrechnung

Abschlagsrechnungen und -zahlungen können dem Auftragnehmer vertraglich zugestanden werden. Danach hat er die Möglichkeit, in gewissen Abständen Abschlagsrechnungen zu stellen. Das BGB sieht Abschlagsrechnungen nach in sich abgeschlossenen Teilleistungen vor. Dies kann auf der Baustelle jedoch schwierig sein, da viele Arbeiten noch nicht abgeschlossen werden können, wenn ein anderes Gewerk erst seine Arbeit vollenden muss. Daher ist es sinnvoll, Auftragnehmern, die über eine längere Zeit auf der Baustelle verbleiben und Hand in Hand mit den anderen Firmen arbeiten, Abschlagszahlungen zu gewähren. Dies hat auch den Vorteil, dass die beauftragte Summe nicht komplett am Schluss bezahlt werden muss.

4.2 Schlussrechnung/Rechnungsprüfung

Ist die Arbeit abgeschlossen und ist die Abnahme anerkannt, stellt der Auftragnehmer eine Schlussrechnung aus über die von ihm ausgeführten Arbeiten. Die Rechnungsprüfung übernimmt dann meistens der Architekt.

In die Schlussrechnung sind alle bereits zuvor geleisteten Zahlungen, wie z.B. die Abschlagsrechnungen, einzutragen. Zunächst erfolgt nur eine rein rechnerische Prüfung. Auch bei der EDV sind Rechenfehler durchaus möglich. Dann wird die Rechnung mit der Ausschreibung verglichen. Stimmen die Mengen und Qualitäten überein? Bei Mengenerhöhungen ist zu prüfen, ob diese gemeinsam vereinbart worden sind und der Mehraufwand dafür gerechtfertigt ist. Hierzu sollte dann ein Nachtragsangebot vorliegen.

Bei zusätzlichen Stundenlohnarbeiten ist ebenfalls zu prüfen, ob diese gerechtfertigt sind. Stundenlohnzettel müssen vom Bauleiter/Architekt unterschrieben sein und der Rechnung beiliegen. Bei einem überdurchschnittlichen Anfall von zusätzlichen Stundenlohnarbeiten sollte auch die Planung des Architekten, der die Ausschreibung erstellt hat, überprüft werden.

Gibt es im Vorfeld Vereinbarungen über Preisnachlass (Skonto), sollten diese, bei Einhaltung der Frist, auch auf der Schlussrechnung vermerkt sein. Die Rechnung ist erst dann prüffähig, wenn sie sowohl rechnerisch als auch sachlich richtig ist. Vor allem muss sie nachvollziehbar sein.

Checkliste: Rechnungsprüfung

Kontrolle der Rechnung	überprüft
Die Rechnung ist vom Architekten geprüft (grüne Häkchen hinter jeder Zahl)	☐
Die Positionen in der Rechnung stimmen mit denen in der Ausschreibung überein	☐
Der Einzelpreis multipliziert mit der Menge ergibt den Gesamtpreis	☐
Die Summen auf jeder Seite stimmen	☐
Der Gesamtpreis der Rechnung stimmt rechnerisch	☐
Sind Stundenarbeiten angefallen, liegen die vom Bauleiter unterschriebenen Stundenlohnzettel bei	☐

Kontrolle der Rechnung	überprüft
Die Stundenanzahl in der Rechnung stimmt mit der auf den Stundenlohnzetteln überein	☐
Vorher gezahlte Abschlagsrechnungen sind berücksichtigt	☐
Vereinbarungen über Preisnachlässe sind berücksichtigt (Skonto usw.)	☐

4.3 Honorarschlussrechnung

Die Leistungen der vom Bauherrn eingesetzten Architekten und Fachingenieure werden nach der HOAI, der „Honorarordnung für Architekten und Ingenieure“ abgerechnet. Sie werden nach den im Kapitel 1.1 dargestellten Leistungsphasen beauftragt und bezahlt. Dabei muss der Architekt jeweils nach der Erfüllung eines gewissen Leistungspaketes die anzusetzenden Kosten ermitteln. Dies dient einer mit der Planung und der Ausführung voranschreitenden, immer genauer werdenden Kostenermittlung.

Zuerst wird nach dem Ende der Leistungsphase 4 abgerechnet und zwar nach der sogenannten Kostenberechnung des Architekten. Dies ist die Phase im Bauablauf, in der der Entwurf für das Haus steht und die Genehmigungsplanung eingereicht worden ist. Die zweite, genauere Kostenermittlung ist der sogenannte Kostenanschlag. Er erfolgt nach Vollendung der Leistungsphase 7, also nach Beendigung der Ausschreibungsphase. Die letzte ist die Kostenfeststellung nach Abwicklung der Leistungsphase 9.

Die Leistungsphase 9, Objektbetreuung und Dokumentation, bezieht sich jedoch auf den gesamten Zeitraum der Gewährleistung nach Fertigstellung des Hauses. Das können fünf Jahre sein. Der Architekt oder Ingenieur wird daher meistens nach Vollendung der Leistungsphase 8 der

Bauleitung seine Schlussrechnung stellen. Dies setzt voraus, dass er auch so beauftragt worden ist, sodass die letzte Leistungsphase gesondert beauftragt werden muss.

In der Schlussrechung müssen die vorangegangen Berechnungen zusammengeführt werden.

Das zweite Kriterium ist die Honorarzone. Sie ermittelt sich aus der Komplexität und Größe des Bauobjektes. Die Honorarzonen werden in römischen Ziffern von I bis V eingeteilt, wobei I die niedrigste Honorarzone darstellt. Ein Einfamilienhaus wird sich im Bereich III – IV bewegen.

4.4 Schäden nach der Fertigstellung

Ist das Bauwerk endlich fertiggestellt, beginnt für alle abgenommenen Leistungen die Gewährleistungszeit. Dies ist die Zeitspanne, die das Haus und seine Bauteile unbeschadet überstehen müssen, ohne dass sich frühzeitige Mängel am Bestand zeigen. Der Zeitraum richtet sich nach den aktuellen Gesetzen und den vereinbarten Vertragsgrundlagen (BGB/VOB).

Werden in diesem Zeitraum Bauteile ohne Verschulden des Bauherrn schadhaft, so muss der Unternehmer diese Schäden, ohne eine Rechnung zu stellen, beseitigen. Folgeschäden, die durch unsachgemäße Installation verursacht wurden, müssen ebenfalls kostenfrei behoben werden.

Der Schaden sollte genauestens dokumentiert werden, um die Ursachen zu kennen und die Beweisführung zu erleichtern. Fotos und erklärende Beschreibungen sind hierbei sehr nützlich. Eine Mängelrüge an den Handwerksbetrieb muss schriftlich erfolgen. In dieser wird dem Unternehmer eine Frist eingeräumt, in der er den Mangel beseitigen muss. Am besten ist, der Bauherr trifft sich mit dem Architekt/Bauleiter und dem betroffenen Unternehmer vor Ort und bespricht die Maßnahmen und die Schuldfrage. Während vor der Abnahme der Unternehmer beweisen muss, dass seine Arbeit sachgerecht und mängelfrei ausgeführt wurde, ist nach der Abnahme der Auftraggeber/Bauherr in der Pflicht, dem Unternehmer die unsachgemäße Ausführung nachzuweisen. Kann man keine Einigung erzielen, so ist ein Anwalt hinzuzuziehen.

Es empfiehlt sich, rechtzeitig vor dem Ablauf der Gewährleistungszeit(en) eine Baubegehung mit dem Architekt durchzuführen: um entweder Gewissheit über ein mängelfreies Bauwerk zu haben oder um inzwischen erkennbar gewordene Fehler schon festzustellen und noch innerhalb der Gewährleistungszeit beseitigen zu lassen.

Zum Schluss

Der Neu-Bau des eigenen Hauses ist für die meisten Baufamilien nicht nur ein einmaliges Ereignis. Er bedeutet überwiegend auch deren größte finanzielle Investition – mit einiger Auswirkung auf die künftige Lebensführung und das Wohlbefinden seiner Bewohner. Haben Sie Ihre Entscheidung über den Bau des eigenen Hauses grundsätzlich getroffen, dann sollte Ihr besonderes Augenmerk auf der Suche nach den an der Bauausführung Beteiligten (also den Auftragnehmern) liegen. Wählen Sie mit Bedacht aus, möglichst auch aufgrund glaubhafter Empfehlung und einem sichtbaren Leistungsnachweis.

Holen Sie am besten vor einer vertraglichen Bindung verlässliche Informationen über gelungene und vergleichbare Objekte ein. Besser einen Architekt mehr besucht und einige Firmen zu viel angeschrieben, ein paar Angebote mehr eingeholt und miteinander verglichen, als sich später über unbefriedigende Preis-/Leistungsverhältnisse und qualitativ unbefriedigende Ausführungen zu ärgern. Oder noch schlimmer: wenn sogar Schadensersatzansprüche zu stellen und erst mit viel Aufwand – hoffentlich – erfolgreich durchzusetzen sind.

Ein wichtiger Grundsatz sollte konsequent durchgehalten werden: Über alle Gespräche und Vereinbarungen, die von vertraglich getroffenen Regelungen abweichen bzw. diese im Detail ergänzen, müssen zuverlässige und aussagefähige Notizen angefertigt und in übersichtlicher Zuordnung aufbewahrt werden. Am besten immer abgezeichnet von den Gesprächspartnern! Das Sprichwort „Wer schreibt, der bleibt!“ hat auch in der Welt des Bauens seine volle Berechtigung. Schauen Sie allen Beteiligten „auf die Finger“ und stellen Sie Ihre

Fragen. Der Rechtsanwalt oder gar das Gericht sollten nur die letzte aller Möglichkeiten sein.

Auf zwei weitere, im selben Verlag wie dieses Buch erschienene, nützliche Hilfsmittel wird in diesem Zusammenhang besonders hingewiesen: „Bautagebuch (Auf den Bauplatz, fertig, los!)“ und „Fehlerfrei zum eigenen Haus“. Informationen darüber (hier auf dieser Seite) und über weitere bewährte Ratgeber am Schluss dieses Buches.

Trotz aller Probleme und Wagnisse wird das Erlebnis der Planung und des Entstehens des eigenen Hauses und seiner „Inbetriebnahme“ ein unvergessenes und hoffentlich schönes Ereignis für die ganze Baufamilie sein.